后浪出版公司

如何戒掉坏习惯

新しい自分に生まれ変わる「やめる」習慣

古川武士 —— 著
施敏霞 —— 译

江西人民出版社
Jiangxi People's Publishing House
全国百佳出版社

前言　放弃坏习惯，改变自我

如今我虽自称是"**习惯培养顾问**"，以前却是那种做什么事都会半途而废的人。从对自己进行投资的技能培训和讲座到兴趣培养，我在这些事情上遭受了一连串的打击。这在我的拙作《坚持，一种可以养成的习惯》中也有过描述。

同时，曾经的我也深陷在被"坏习惯"操控的状态里。今天就和大家说一说我28岁时的日常生活。

那时候我总是几乎就要错过末班车，回到家已是深夜十二点多。面对许久都没有收拾的杂乱房间，我一边叹气一边打开电视和电脑。

明明体重在不断增加，但是看看电视，上上网，肚子就饿了，接着就伸手去拿零食和可乐了。

如此这般无所事事地待着，不一会儿就深夜两点多了。于是只好怀着应该早点睡觉的自我厌恶感，磨磨蹭蹭地爬上床睡觉了。

第二天到了七点以后，即使闹钟响了五次，我还是会继续睡回笼觉。等到醒过神来的时候，才发现已经快迟到了。结果在短暂的十五分钟内,我匆匆忙忙地刷牙,换衣服,狂奔向车站。满身臭汗地在拥挤的电车里晃来晃去,在上班时间前的最后两分钟到达办公室。

光是上班路上就已经累得筋疲力尽了。刚坐到座位上,系统的故障问题,客户的投诉邮件和各种电话就蜂拥而至。而今天必须要完成的策划书,当然也就被拖到后面了。

等到顾客接待工作告一段落,总算可以透一口气的时候,已经是晚上八点了。因为压力大,晚饭的时候就会狼吞虎咽地吃炸猪排饭,也算是为了今晚最后的策划书积蓄能量。这一天又差点赶不上末班车,也别提策划书了,最后还是在没完成的情况下回去了。

为了减轻压力,回家的路上我总是会去便利店买零食和可乐,结果体重也不断增长。在这种状态下我又熬夜到很晚,稀里糊涂地度过了一天。

说来真是惭愧,那时的我居然过着这样的生活。现在想来那简直就是**"坏习惯"的集中爆发期**。

你之所以会手捧这本书来阅读,想必是在你身上也有一两个想要戒掉的习惯。那么在你身上是否也存在下面这些习惯呢?

- 拖延那些自己讨厌的事情

- 网瘾和手机控
- 无所事事地度过周末
- 乱花钱
- 熬夜导致睡眠不足
- 吃得太多
- 饮酒过量
- 为一些微不足道的事情变得烦躁不已
- 为一些鸡毛蒜皮的小事变得闷闷不乐
- 在任何事情上都要花费过多时间的完美主义者

此外,也有人无法戒掉赌博或是抽烟的习惯。这些可谓是坏习惯的代表性案例了。

所谓坏习惯,是指禁不住眼前的欲望或是诱惑的驱使,从长远来看会带来负面影响的习惯。坏习惯愈演愈烈,还会像以前的我一样滋生出恶性循环。

这些坏习惯会夺走你人生中宝贵的时间,让周围的人失去对你的信任,最后还会夺走你最珍贵的财富——自信。

对坏习惯放任不管,会驱逐好习惯

"劣质货币会驱逐优良货币。"这就是格雷沙姆法则

（劣币驱逐良币法则）。它是指一旦对劣质货币（假币）的流通放任不管，人们就不会去使用优良货币（真正的货币），从而导致优良货币从市场上消失。

对于习惯来说也同样适用这一法则。

假如你读过《坚持，一种可以养成的习惯》，也养成了好习惯，可是一旦熬夜、暴食中的一个坏习惯侵入了你的生活，好习惯就会遭到驱逐。

但是，在工作忙碌的时候，每个人都会有生活节奏被打乱的情况。为了工作上的交际往来或是充实与家人在一起的时光，有很多人都无法优先安排自己的时间。

这时如果你懂得如何调整无序的生活节奏及其诀窍，便可泰然处之。

对"持续术"进行补充的"习惯终结术"

《坚持，一种可以养成的习惯》作为系统性地介绍习惯培养的书籍，是一部得到众多读者支持的畅销书。

此外，在中国台湾以及韩国等地也得到翻译出版，至今我通过Facebook等还时常收到读者们"好习惯坚持下来了"这样的反馈。

我一生的使命，就是通过习惯养成将"我的人生发生变化了！"这样的感动传播至世界各地。无论是哪个国家的读者，能得到你们如此的支持，于我而言已是无上的喜悦。

另一方面，从读者以及研讨会参与人员的反馈来看，我意识到比起收拾整理或是学习英语，本书中提到的习惯即减肥、戒烟、早起这些习惯的养成比率要低得多。根据我的推测，原因有以下两个：第一个原因，这些习惯属于身体性习惯，需要3个月来养成。而收拾整理或是学习英语则属于行动性习惯，1个月即可养成。这也让我意识到《坚持，一种可以养成的习惯》是以行动性习惯为中心来展开说明的，这对于身体性习惯并不适用。

第二个原因，戒掉香烟、熬夜、暴食等习惯，**同那些重新开始的习惯不可相提并论，因为这是同诱惑以及欲望的斗争，具有容易受挫的特点。**

由于既有上述的原因，又有众多读者希望我写一写**"习惯终结术"**的呼声，所以这次要给大家介绍的习惯终结方法，将指导大家如何戒掉坏习惯，并且不仅仅是针对一个坏习惯，而是使所有坏习惯都能彻底戒掉。

在下一页为大家总结了十大坏习惯，会逐一说明具体的事例和对策。

如果说《坚持，一种可以养成的习惯》是养成好习惯的方法，那么《如何戒掉坏习惯》则是甩掉坏习惯的方

十大代表性坏习惯

① 拖延症

② 网瘾和手机控

③ 乱花钱

④ 生活毫无节制

⑤ 熬夜

⑥ 吃得太多

⑦ 饮酒过量

⑧ 烦躁不安

⑨ 闷闷不乐

⑩ 完美主义

法。这样一来，大家就比较容易理解这两者的定位了吧。

坏习惯与好习惯不同，是在几乎无意识的情况下形成的。

此外，快感是让我们不断重复坏习惯的原动力，所以我们很容易就会输给眼前的诱惑。

因此，本书会**以指导训练和NLP**[①]**为基础，通过心理方法和行动方法双管齐下，对戒掉坏习惯的方法进行系统化的说明。**

人生是通过习惯来塑造的。

被习惯左右的人生和控制习惯的人生，这两者之间有着巨大的不同。

请你做好清空坏习惯，养成好习惯的准备吧！

本书若能助你一臂之力，笔者将倍感荣幸。

2013年12月

习惯培养顾问 古川武士

[①] 神经语言程序学 (Neuro-Linguistic Programming) 的英文缩写。N (Neuro) 指神经系统，包括大脑和思维过程。L (Linguistic) 指语言，是从感觉信号的输入到构成意思的过程。P (Programming) 是指为产生某种后果而要执行的一套具体指令。即指我们思维上及行为上的习惯，就如同电脑中的程序，可以通过软件更新而改变。——译者注

目 录

前言 放弃坏习惯，改变自我 ························ 1

第一章 为什么戒不掉坏习惯？

首次公开！大家都想戒掉的坏习惯排行榜 ············ 3
让我们来给坏习惯做个盘点！ ······················ 6
每日行动的40%以上为习惯 ························ 8
坏习惯滋生出恶性循环 ··························· 10
无法戒掉坏习惯的原因是什么？ ··················· 13
好莱坞明星为何会患上"依赖症"？ ················· 22
多巴胺——诱惑性荷尔蒙 ·························· 25
没有反弹并且坚持下去就是习惯培养 ··············· 27
通过习惯终结术形成良性循环 ····················· 29

第二章 构建人生的良性循环——习惯终结术

问问自己"真的有必要戒掉吗？" ··················· 35
想戒掉的习惯可以分为三类 ······················· 39
习惯终结术的整体概况 ··························· 41

开始培养习惯之前需要理解的三大原则 ⋯⋯⋯ 45
拥有战胜欲望和诱惑的心灵力量 ⋯⋯⋯⋯⋯ 47
从核心理由中找到动机 ⋯⋯⋯⋯⋯⋯⋯⋯⋯ 52
减轻痛苦的"替换"技术 ⋯⋯⋯⋯⋯⋯⋯⋯ 55
决定习惯性行动的层次 ⋯⋯⋯⋯⋯⋯⋯⋯⋯ 60

禁欲期【第1周—第3周】——痛苦难耐 ⋯⋯ 62

动力缺乏期【第4周—第7周】——顺其自然 ⋯ 70

开关1 有魔力的语言 ⋯⋯⋯⋯⋯⋯⋯⋯⋯⋯ 75
开关2 习惯与梦想 ⋯⋯⋯⋯⋯⋯⋯⋯⋯⋯⋯ 77
开关3 严丝合缝的时间安排 ⋯⋯⋯⋯⋯⋯⋯ 79
开关4 计时器效果 ⋯⋯⋯⋯⋯⋯⋯⋯⋯⋯⋯ 81
开关5 奖励与惩罚 ⋯⋯⋯⋯⋯⋯⋯⋯⋯⋯⋯ 83
开关6 自我反省 ⋯⋯⋯⋯⋯⋯⋯⋯⋯⋯⋯⋯ 85
开关7 习惯的伙伴 ⋯⋯⋯⋯⋯⋯⋯⋯⋯⋯⋯ 87
开关8 向大家宣言 ⋯⋯⋯⋯⋯⋯⋯⋯⋯⋯⋯ 89

稳定期【第8周—第10周】——神清气爽 ⋯⋯ 91

倦怠期【第11周—第13周】——原地踏步 ⋯⋯ 94

第三章 实践篇 通过十大事例学习习惯终结术 ⋯ 99

学习戒掉十大代表性坏习惯的方法 ⋯⋯⋯⋯ 101

行动性习惯（1个月） ⋯⋯⋯⋯⋯⋯⋯⋯⋯ 104

事例1 拖延症——分解和分步是关键 ⋯⋯⋯ 105

| 事例2 | 网瘾和手机控——提高行动的难度,一点点远离 ———— 119
| 事例3 | 乱花钱——揪出隐形的"犯人" ———— 128
| 事例4 | 生活毫无节制——通过理想化的日程表回归正常生活 ———— 138

身体性习惯(3个月) 146

| 事例5 | 熬夜——聚焦于就寝时间上 ———— 147
| 事例6 | 吃得太多——通过可视化来形成自身的管理意识 ———— 158
| 事例7 | 饮酒过量——根据喜欢聚会还是喜欢喝酒来改变对策 ———— 167

思考性习惯(6个月) 174

| 事例8 | 烦躁不安——改变对事情的解释方式,作出有效的自我主张! ———— 175
| 事例9 | 闷闷不乐——控制思考的焦点 ———— 187
| 事例10 | 完美主义——抛开对细节的拘泥,变身最优主义吧! ———— 195

后记　通过习惯终结术夺回人生主动权! ———— 205
出版后记 ———— 207

第一章

为什么戒不掉坏习惯？

首次公开！大家都想戒掉的坏习惯排行榜

第一章将为大家解释为什么很难戒掉坏习惯及其运行机制。

虽说是坏习惯，却也是各式各样。接下来将以排行榜的形式来揭晓通常有哪些坏习惯，以及有多少人想戒掉这些坏习惯。

这一排行榜是向订阅了我的电子杂志的读者们发放问卷后得出的结果。这份问卷得到了100位读者的回答，并且问卷调查中可以进行多项选择。

第1位：拖延处理那些自己讨厌的事情　　51人

排在第一位的是拖延症。大家喜欢拖延那些麻烦的、痛苦的、被埋怨的、第一次面对的、讨厌的事情。许多人都有这样的烦恼,为了逃离眼前的痛苦和沉重,很容易就把事情往后拖延。

第2位:沉迷于网络和手机　　43人

很多人都有这样的经历:上网浏览一些自己关心的报道,回过神来才发现已经过去半个小时或一个小时了。

还有,当今已然是智能手机的时代了。在电车等场所盯着智能手机不断刷屏的身影,在日本已是随处可见。通过智能手机便可浏览Facebook、LINE,游戏软件等,它已经成为依赖症的一个工具。

检验自己是否患上了手机依赖症的方法很简单。把手机放在家里,然后外出两个小时。有多在意放在家里的手机,对它的依赖程度就有多深。

第3位:吃得太多　　24人

减肥是一些人永远的烦恼。电视购物频道不断推出新的减肥商品,反过来看,这也证明了很多人无论使用什么产品都不奏效。人为何不能放弃吃东西的快感,为何不能轻松地瘦下去呢?但是想要瘦身有一个理所当然的公式,那就是要持续过一种消耗的卡路里高于摄入的卡路里的生活,这也是唯一的手段。因此,怎样戒掉吃太多的坏习惯显得尤为重要。

第4位：熬夜导致睡眠不足　　16人

懒懒散散地看电视，和朋友煲电话粥，不知不觉间又陷入了熬夜的恶性循环。虽然夜间的放松是必要的，但这不正是为了从第二天睡眠不足的痛苦中解放出来吗？

第5位：乱花钱　　14人

周末购物可以消解压力，因此乱花钱的习惯不容易戒掉。此外，很多人被网上那些高明的宣传所打动，一不小心就会买一大堆没用的东西。输给了诱惑的冲动消费，其结果是让人后悔不已。这是很多人都有的烦恼。

上述排行榜中，是不是也有你想戒掉的习惯呢？

让我们来给坏习惯做个盘点！

要明确你的坏习惯是什么，为了人生的丰富性与成功，你想放手的习惯是什么。接下来将向你提出五个问题。

请回答这些问题，务必在此刻明确你想戒掉的坏习惯。

> 问题① 对你的健康不利的坏习惯是什么？
> 问题② 搅乱你日常生活节奏的习惯是什么？
> 问题③ 你工作中存在的坏习惯是什么？
> 问题④ 在金钱方面你想要戒掉的习惯是什么？
> 问题⑤ 给你造成压力的习惯是什么？

第一章 为什么戒不掉坏习惯?

请在上面的空白栏中写入你想戒掉的习惯,对坏习惯做一个盘点。

建议大家定期做这项工作。因为坏习惯会无意识地形成,然后不断发展壮大。

每日行动的40%以上为习惯

人类是具有习惯的动物。

杜克大学的学者在2006年发表的论文中提到,"人类每天40%以上的行为不是有意识的行动,而是无意识的习惯"。

人脑具有一个特性:即使不在一天之中一一下达几万个决策,也能够通过将其习惯化,无意识地重复这些行为。人脑创造了习惯这一自动运行的程序。

你的饮食、一天的安排、交往的人、游玩的场所等是否也被模式化了呢?所谓模式,就是习惯。

因此,大部分的习惯都是自然而然地形成的。

下意识养成的习惯,难道不只是一小部分吗?

那么,再一次来明确一下好习惯和坏习惯的定义。

所谓好习惯，是对自己的将来以及当下生活的丰富性给予正面影响的东西。

另一方面，所谓坏习惯，则是图眼前的一时之快而盲目行动，从中长期来看会给自己带来负面影响的行为。例如拖延处理讨厌的事情、吃过多的甜食、在网上浪费太多时间等。

也就是说，**从中长期来看具有优势的，就是好习惯。相反，具有劣势的则为坏习惯。**

但是，对上网不能一概而论。如果是为了减轻压力或是进行有效的信息收集，那就可以说是好习惯。只要不超过限度，就称得上是好习惯。

饮酒也是如此。有人视它为坏习惯，想把它戒掉，也有人将其定位成消除压力或是作为交流媒介的好习惯。

对于自己的人生而言，是好习惯还是坏习惯需要自己来判断。但是，如果只图眼前的一时之快而盲目行动，这种情况持续下去带来的不良影响很大的话，对于你而言就是坏习惯。

坏习惯滋生出恶性循环

坏习惯带来的不良影响是什么？

请回忆一下序言中我个人的例子。

坏习惯会产生连锁反应，像多米诺骨牌一样滋生出下一个坏习惯，这一恶性循环会打乱生活节奏。

仅仅上网时间过长这一个坏习惯，就会导致熬夜，造成在睡眠不足的情况下去上班。结果，注意力无法集中，工作效率低下，需要长时间加班来完成工作任务，晚上还要吃宵夜，结果体重也开始增加。如果这些行为作为习惯一步步地固定下来，就会养成不良的生活习惯。

可以将坏习惯的坏处总结为以下五点。

①无法保持身体健康

吃太多以及运动不足，会让人失去健康这一宝贵的财产。常言道，健康就是最大的财富。运动、饮食及睡眠习惯不良很容易引发疾病。

②浪费时间

就像刚才提到的事例，一旦形成长时间劳动的习惯，就无法以高度集中的注意力投入到工作中，继而导致更长时间的加班。

此外，为了一时之快，在电视、手机、网络和游戏上花费过多时间，以1年、3年、10年的角度来看，在人生中浪费掉的时间会变得十分惊人。那些原本可以用来活出自我、活出自己想要的生活的时间，就这样被白白牺牲掉了。

③生活节奏被打乱

仅是起床时间比平时迟了的话，生活节奏就会被打乱。还有，起床时间变得不规则的话，就会失去自我控制力，需要做的事情无法顺利完成，因此陷入不得不熬夜的恶性循环。

④自我印象降低

养成好习惯会带来自信。能让自己保持自信，也就意味着能与自己信守约定。相反，不断打破和自己的约定，任由坏习惯左右自己的话，自信就会被不断剥夺。

⑤幸福感下降

健康被剥夺,时间被浪费,无法控制生活,自我印象降低,这一系列问题必然会导致幸福感下降。吃太多引起体重不断上升,熬夜导致睡眠不足,为了缓解长时间加班的疲劳,待在家里无所事事地上网。没有人会期待这样的生活吧。

坏习惯增多,除了增加人生的负债之外再无其他。

但是,只要掌握本书的"习惯终结术",无论何时都能斩断恶性循环,切换至良性循环。

无法戒掉坏习惯的原因是什么？

为什么总也戒不掉坏习惯？

- 观点1　**习惯引力的法则**
- 观点2　**意识与无意识的平衡**
- 观点3　**欲望和理性的斗争**

接下来，会从以上三个观点来说明这一原因。

观点1　习惯引力的法则

所谓习惯引力的概念，在《坚持，一种可以养成的习惯》中也有过介绍。已经了解的读者可以作为复习，边看图边往下读。

习惯引力的两个机能

机能1：抵抗新的变化

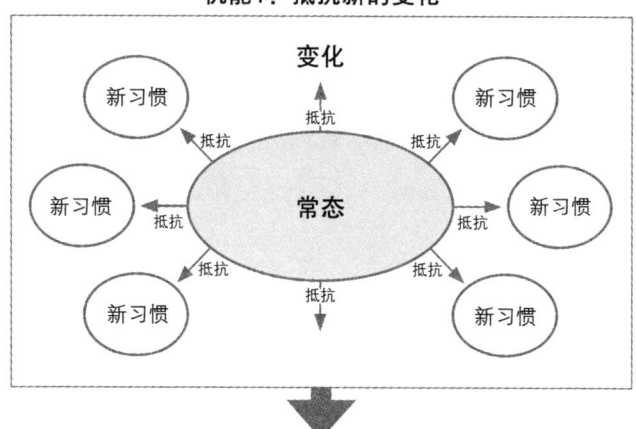

难以养成好习惯

机能2：维持常态

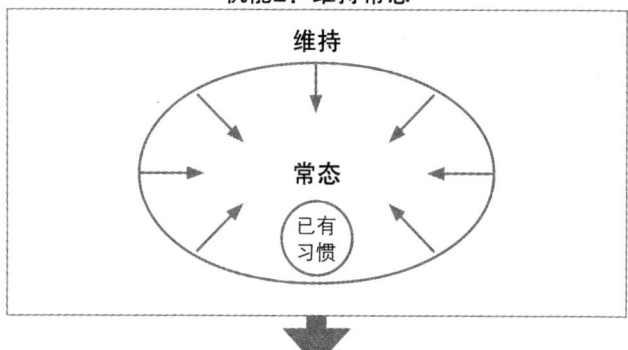

无法戒掉坏习惯

人类的大脑由于生存本能，会抵抗变化，维持现状。这是因为变化具有很多危险。

换言之，对于大脑来说，新的行为不存在好习惯和坏习惯之分，只要是变化就要竭尽所能地阻止其发生。正因如此，即便是学习英语、运动、记录家庭收支等好习惯，由于新开始的习惯受到"对变化的抵抗"的冲击，会很难持续下去。这也是"三天打鱼，两天晒网"的发生机制。

另一方面，无法戒掉坏习惯也是同样的道理。一旦成为了习惯，大脑就会拼命保持原样。因为这被认为是"正常"的事情。

这就是"习惯引力法则"。换言之，所谓戒掉坏习惯，就是消除进入习惯引力范围内的习惯。

观点2　意识与无意识的平衡

那么，为什么会存在习惯引力？

理解了人脑中有两个领域后便能领悟其中的原因。

大脑中存在着能够意识到的部分和无意识的部分。

这刚好跟冰山类似。浮现在水面上的意识，是我们日常能够意识到的部分。

但是，另一方面，在水面下还隐藏着一个无意识的世界。说成无意识，听起来似乎有点奇怪，其实可以理解为

互相斗争的意识与无意识

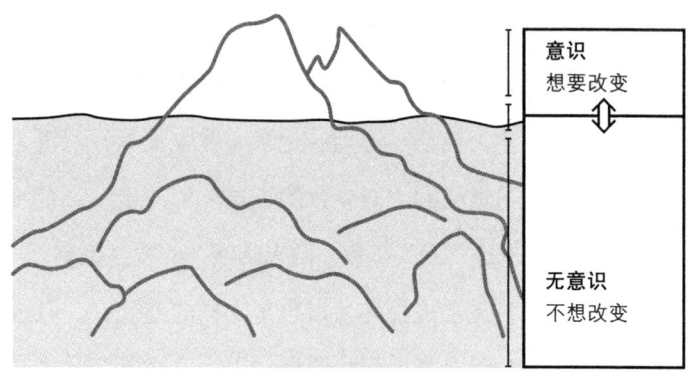

在平时由于太过自然以致没有意识到的部分，还有自身难以控制的处于自我运行状态的一种机能。

有关无意识正在运作的浅显易懂的例子是，我们会因为某些东西而感到恐惧，做出条件性反射。走到高处腿会发抖并产生恐惧。出汗、发抖这样的反应都是无意识的举动。还有，看到狮子或是鲨鱼而感到害怕也是无意识的反应。

我们活着无需通过意识来对所有事情进行一一判断，因为在无意识的世界中，活跃着很多能自动维系我们生命的重要程序。

无意识的使命就是维持现状，保护我们的安全，给我们一个安心的环境。简单来说，**无意识奉行的是"多一事**

第一章 为什么戒不掉坏习惯？

不如少一事"的原则。

无意识拒绝变化，想要拼命保护我们。另一方面，意识为了有所成长而想改变。在这种对立竞争关系中就产生了想要继续不能继续，想要戒掉难以戒掉的两难境地。

在心理学的世界中，往往认为意识5%，无意识95%是一种平衡。以这两个数据为基础，通过下面的例子给大家做一个浅显易懂的说明。

请想象一下你拥有一家有100名员工的公司。

在你决心要作出变化的阶段，100名员工之中只有5人是赞成的，而剩下95人都是反对的。

但是，由于无意识是看不见的部分，谁会想到自己身上竟然有95人都是反对派。

所以在受到挫折的时候，就会陷入一种自我厌恶之中，认为是自己意志薄弱。但是，一旦理解了无意识的使命，那么连"三天打鱼，两天晒网"这种行为也可以说成是自然现象，因为它在牢牢地保护你使你免遭变化。

从这里可以看出戒掉坏习惯的方向性。从结论来说，**想要戒掉坏习惯，只要坚持到无意识将它认定为常态的时候就可以了。** 如果无意识认定坏习惯处于闭锁的状态是一种常态，就会对这种状态进行保护。这正是"习惯终结

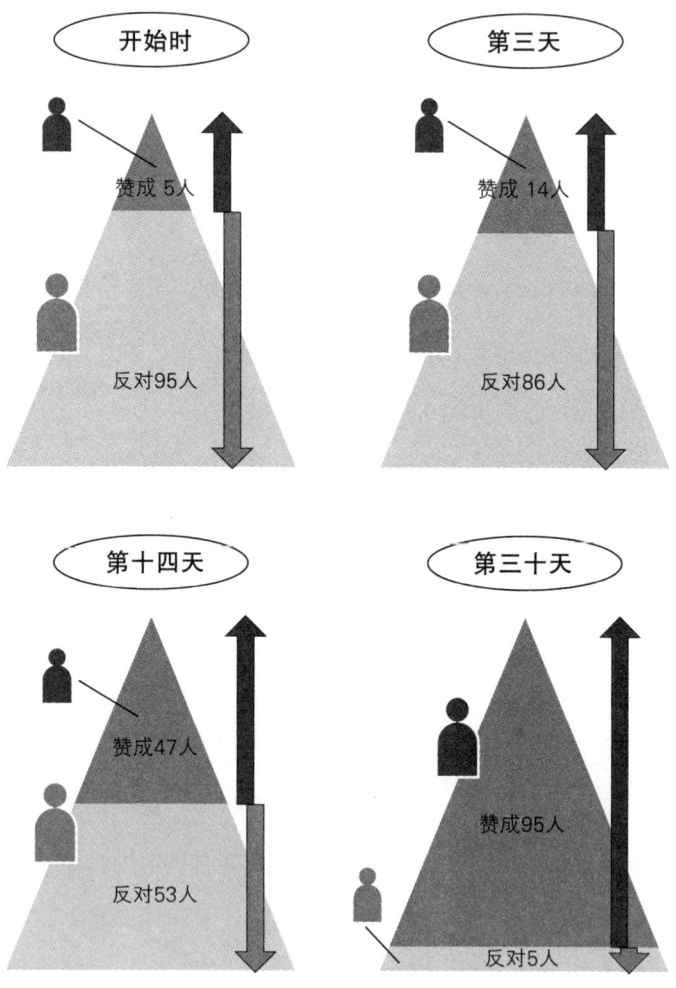

术"的运作机制。

为了方便起见,假设想用三十天戒掉行动性习惯,按照每天有3人从无意识转为赞成派来计算。开始的时候,赞成派只有5人,反对派有95人,到了第三天,成为14对86的仍然毫无胜算的局面。

但是两周后,赞成派47人对反对派53人。到了这个阶段,内心就会变得轻松多了。

于是,第18页的图像所示,到了第三十天,跟最初的情况完全相反,如变成了95人赞成,5人反对的局面。这样一来坏习惯总算顺利戒掉了。

观点3　欲望和理性的斗争

到此为止,向大家阐释了"习惯引力法则"及其背后的无意识概念。

我想在理论上读者们应该已经明白了,为了在情感上也能理解这个原理,接下来将通过欲望和理性的观点作出说明。

减肥,往往都是在饱腹的时候决定,然后在空腹的时候放弃。早起也是在睡觉前下定决心,但是到了第二天早晨就像是换了一个人,赖在床上,心里想着明天再早起。心理学记者佐佐木正悟将其称之为"陌生人问题",下定决心的时候和遭受挫折的时候，明明是同一个人却又完全判若两人。

尤其是减肥或戒烟，最初的三周需要同强烈的欲望做斗争。下定决心要跟坏习惯一刀两断的时候，就要握紧理性的方向盘，让欲望老老实实地坐在副驾驶座上。

但是，当空腹感袭来时，工作面临挑战时，这个欲望便开始不安分起来。于是，它将理性从驾驶座上拽下来，想要自己去操控方向盘。

当欲望完全掌握住方向盘以后，理性就不能与之匹敌了。

例如，减肥时要去参加酒会。即使用餐时能借助理性控制卡路里的摄入，可是一旦喝了酒，面对眼前的油炸食物和甜点是否还能把持得住呢？

为了斩断坏习惯，在同欲望的战斗中必须赢得胜利。

欲望比理性还要强大。尤其是最初的三周，并不是简单的斗争。

正因如此，在欲望达到顶峰之前必须采取行动，并且要考虑用其他方法来填补欲望，具备战胜欲望的"心灵力量"是非常重要的。关于这些方法会在后面作出说明。

另外，**无法甩掉坏习惯是因为这一习惯中还具有肯定性的意义**。原本应当通过一些东西来填补的欲求被坏习惯所满足，正因为这是一种快感，便作为习惯固定了下来。

那么，坏习惯满足的欲求是什么呢？

以下附有例子。

坏习惯满足欲求的例子

①想要放松（看电视，上网，吃太多，抽烟）

②想和他人联系（沉迷智能手机，饮酒过量）

③想要获得刺激（玩游戏，上网，乱花钱）

④想要忘记烦恼（玩游戏，饮酒过量）

⑤想从压力中解放出来（拖延，饮酒过量）

有了香烟便能放松，有了智能手机就想和他人联系，喝多了便能从压力中解放出来。不同的人需要被满足的欲求也不尽相同，但重要的是要先了解到它具有肯定的一面，即带来了心理层面上的好处。

如果对你想戒掉的习惯其实正在满足你的欲求这件事视而不见，而仅仅是戒掉习惯，那是不可行的。因为大脑会通过别的行动来填补未被满足的欲求。

能很好地满足这一欲求的方法，后续会作为"转换步骤"介绍给大家。

好莱坞明星为何会患上"依赖症"?

"依赖症"是一种始终都无法戒掉的坏习惯。

有药物依赖症、购物依赖症、酒精依赖症、赌博依赖症、性爱依赖症等各种各样的依赖症存在。

所谓依赖症,是原本并不想做,却陷入了不得不做的境地中的一种行为。

其中绝大部分的目的都是为了逃避现实世界的痛苦。

尤其是好莱坞明星、政治家、运动选手等,他们受到众人的关注,还有来自社会的巨大压力,他们患上依赖症大概也是为了这个目的吧。

人气演员布拉德·皮特就是长年的药物依赖症患者。据说原因是难以忍受的孤独感。即使获得如此的地位与名声,却难以相信旁人,陷入不相信他人的泥沼之中,其结果便是对药物产生了依赖。

曾经在电影《小鬼当家》中大放异彩的童星麦考利·卡尔金,也患上了药物依赖症和酒精依赖症。通过电影一举成名后,他的父母因为金钱问题而离婚。或许是因为家庭破碎的经历,给孩子造成了巨大的心理打击吧。

歌手惠特妮·休斯顿也是药物依赖症患者,美国前总统比尔·克林顿和高尔夫球手泰格·伍兹则是性爱依赖症患者。

为何在常人看来既有了社会地位上的满足,又有了金钱上的满足的他们,却还是患上了依赖症?

他们之中的很多人都是**为了逃避孤独和无法保持自我所带来的痛苦。**

名人被要求迎合社会创造出来的形象去生活。但这并没有一般人想象得那么快乐,因为他们有着无法展现真实自我的苦楚与纠葛。

爱、安心、人与人的联系是人类的基本欲求。这些是绝对不能丢失的东西。

一旦极其缺乏这些东西,他们就想通过依赖别的东西来释放自己强烈的不安、恐慌与痛苦。

当这一欲求达到顶点,变成无法抑制的欲望时,他们就会选择依赖酒精、药物、赌博,将自己从苦海中解脱出来。

形成依赖症的最大原因是寂寞、孤独感、不安、恐慌和对爱的饥饿感。

此外，酒精依赖症患者即使能够戒酒三年，一旦面对巨大的压力就会再一次通过酒精来逃避的例子不胜枚举。这是因为没有解决抗压力这一根本问题，以致面对压力时无法采取其他解除痛苦的行动。

虽然以极端的例子解释了依赖症，这也是为了说明坏习惯及其心理优势而做的介绍。

那么，接下来让我们来看看欲望的真面目吧。

多巴胺——诱惑性荷尔蒙

正是为了获得眼前的快感,所以无法戒掉坏习惯。

我们的大脑在获得快感时,会分泌一种名为多巴胺的荷尔蒙。

看到自己喜欢的食物的照片或是影像,听说有好吃的餐馆,闻到烤肉的香味,通过这些刺激便会分泌出多巴胺。

曾经我也因为车站内华夫饼的香甜气味而无数次粉碎了减肥的决心。

这是与吃得太多相关的多巴胺分泌的例子,赌博也一样,引起兴奋感的规则和机器传递给大脑十分强烈的快感,由此便受到了多巴胺的支配。结果,为了再一次获得那种快感,明知会输却还是走进了游戏厅。酒精和上网也是同样的道理。

这个名为多巴胺的荷尔蒙会粉碎理性和意志。

这里有两个对策。

一个对策是减少致使多巴胺大量分泌的诱惑性契机。如果想戒烟就不要靠近吸烟场所，如果想减肥就不要去便利店，如果想戒网瘾就在一段时期内断网。

仅仅是减少或远离诱惑的契机，就能击碎很多使人受挫的重要原因。

另一个对策是**具备战胜诱惑性荷尔蒙的"心灵力量"**。这会在第47页再做介绍。

没有反弹并且坚持下去就是习惯培养

习惯培养和目标达成并不是同一个概念。

以因为吃太多增重了10公斤为例。

大部分人会给自己设立瘦掉10公斤的目标,向着一个月后瘦掉3公斤,三个月后瘦掉10公斤的减肥目标前进。通过跑步、限制卡路里的摄取等方法拼命努力。

但是,要说以这种方式瘦掉10公斤后会发生什么,那就是目标达成后的耗损综合症。

达成瘦掉10公斤目标的瞬间,动机就会消失,体重渐渐地就会反弹。

当然,以瘦掉10公斤为目标,一点点地减重,干劲也会上涨。我并没有要否定它。

但是只以目标为动机的情况下,在达成后会失去原动力，然后反弹。结果会变成一整年都在减肥。

另一方面，习惯培养与目标达成不同，在于将一定的行动作为自然的节奏，几乎是在无意识的情况下持续进行下去。

也就是说，相比结果，**要将目光聚焦于行动本身**。

以减肥的例子来说，不用勉强控制卡路里的摄取或是运动量，按照自然的习惯来进行，最终便能瘦下去。比如，不仅仅是为了目标体重而减肥，在持续的过程中得到的快感，还有对目标达成后的希望，想象瘦下来的好处等都能带来动力。

像这样从各种各样的事情中感受到动力，在实现减重10公斤之后也不会有极端的反弹，并且能继续保持下去。

比起速效性，**能得到持续稳定的结果**，是习惯培养的魅力所在。

通过习惯终结术形成良性循环

在第一章的最后,我想说一说掌握习惯终结术之后会有怎样的裨益。

请回忆一下序言中我个人的例子。

为了斩断恶性循环,我下了一个巨大的决心,要将坏习惯一一戒掉。

首先,为了戒掉熬夜的坏习惯,我开始严格控制睡觉时间。重点就在于坚持晚上七点准时下班。这样到了晚上十一点便能睡觉了。

接下来,为了消灭拖延症,我会提前一个小时去公司,早上首先处理最重要的工作。优先完成策划书或报告书等工作,因为这些安排会被白天其他的临时性工作所耽搁。

白天外出拜访客户，傍晚处理杂事和邮件，到了晚上七点便能下班。

这样一来，工作时间减少了30%，业绩与以往相比也提高了。也就是说效率提高了。

养成这样的生活习惯以后，压力也得到了极大程度的减轻。

而此前我总是过着匆匆忙忙上班，到了晚上又害怕错过末班车再匆匆忙忙下班的生活。

但是如今早上六点起床，晚上七点下班已经成为了我的规律。

在能够遵守这一规则的瞬间，我便重新赢得了生活的主动权，而它曾经是被工作和环境所支配的。结果即使做着同样的工作，在精神上我也达到了一种十分愉悦的状态。

再进一步，以此为契机，我也成功戒掉了吃得太多的习惯。

曾经一度暴增10公斤的我，用3个月便瘦了8公斤。曾经挑战无数次都失败了的减肥也获得了成功，这是早起和自我控制力得到提升带来的影响。

还有，在生活上一到周末就躺在床上睡觉，到了大中午才爬起来，然后懒懒散散地看电视度过一天的生活习惯也发生了改变。

周末去商业学校学习,就再也不用无所事事地虚度周末了。这不仅充实了对自我的投资,也顺利提升了自我印象。

这就是我真正戒掉坏习惯以后发生的一连串良性循环。

戒掉一个又一个坏习惯之后,在你身上必然也会发生同样的事情。

实际上,在我给咨询者担任习惯培养顾问的过程中,很多人也都经历了同样的变化。

具体来说会产生以下的良性循环。

①拿回生活的主动权
②获得戒掉其他恶习的力量
③变得健康
④时间充裕
⑤工作和生活更充实
⑥自我印象得到提升
⑦每天都变得愉悦

你是否也希望自己的人生拥有这种良性循环呢?

将其变为可能的就是习惯终结术。

如果具备了不管多么恶劣的习惯都能戒除的能力,那么这将成为你人生的财富。

接下来,将从第二章开始详细介绍习惯终结术。

第二章

构建人生的良性循环——习惯终结术

问问自己"真的有必要戒掉吗?"

我给很多人做过习惯终结术的顾问,但是在一开始,我都会问他们一个问题:"为什么要戒掉这个习惯?"

比如曾经有这样一个例子。

这是我同一位想要戒掉熬夜习惯的女性白领之间的对话。

> **古　川:** 为什么您要戒掉熬夜的习惯呢?是因为早上起不来吗?
>
> **咨询者:** 我能起得来。
>
> **古　川:** 那么,是想起得更早,养成早睡早起的习惯吗?
>
> **咨询者:** 基本上维持现状就可以。要是能再早起

>   30分钟的话就更好了。
>
> **古　川：** 那么，您的问题是睡眠不足吗？
>
> **咨询者：** 不是，即使睡眠时间很少，我也不会受到影响。
>
> **古　川：** 那么，为什么要戒掉熬夜的习惯呢？戒掉后有什么好处呢？
>
> **咨询者：** 嗯，是这样的，我觉得熬夜的话，对皮肤不好，而且还费电。

再介绍一个例子。

这是我同一位想要戒掉晚上喝酒的习惯的男士（经营者）之间的对话。

> **咨询者：** 到了晚上我总会忍不住喝酒。无论如何也想把这个习惯戒了。
>
> **古　川：** 为什么想要戒掉呢？
>
> **咨询者：** 好像对身体不太好啊。
>
> **古　川：** 您大概喝多少酒呢？
>
> **咨询者：** 大概两瓶啤酒。有时候也会喝三瓶。
>
> **古　川：** 好的。那么晚上喝酒让您在心理上得到了怎样的好处呢？

咨询者： 这是我每天的乐趣。喝上一杯，就有一种今天一天也总算结束了的快感。还有，我还担任了NPO的法人代表，总想着要让自己时刻都保持良好的状态，因此喝酒让我获得了一种暂时的解放。

古　川： 如果是这样的话，有必要戒掉它吗？

咨询者： 实际上我并不想戒掉。

古　川： 把它看作一个放松的习惯，您觉得如何呢？

咨询者： 您这么一说，倒也是。

事实上，像这样的例子还有很多。

"总感觉，想把它戒了。"

"总感觉，这是个坏习惯。"

遗憾的是，以这种认知是不可能长期坚持下去的。

戒掉习惯的理由不明确，最终只会给自己找借口，然后遭遇挫折。

正因为如此，首先在起跑线上就要重新问自己"为什么要戒掉这个习惯""真的有戒掉的必要吗"，判断戒掉习惯的理由是否明确非常关键。

真的应该戒掉吗？请通过回答以下五个问题作出

判断。

> 问题① 为什么要戒掉这个习惯?
>
> 问题② 放任这个习惯的话,会产生什么样的问题?
>
> 问题③ 戒掉这个习惯后会有怎样的副作用?
>
> 问题④ 即使是这样你也想戒掉这个习惯吗?
>
> 问题⑤ 戒掉这个习惯会对将来有什么影响?

想戒掉的习惯可以分为三类

想要戒掉的习惯除了吃得太多、饮酒过量、熬夜、乱花钱、上网等还有其他很多。

但是这些习惯根据阶段不同,可以分为行动性习惯、身体性习惯和思考性习惯这三类。要戒掉这些习惯所需的时间也各不相同。

首先,作为**行动性习惯**,有上网、乱花钱、拖延症等。这些可用1个月的时间戒掉。

接下来是**身体性习惯**,有抽烟、吃得过多、饮酒过量,熬夜,赌博等。戒掉这类习惯需要3个月的时间。

最后是**思考性习惯**。有烦躁不安、闷闷不乐、因为完美主义而思虑过多等。戒掉这类习惯,需要6个月的时间。

仔细想一想的话，就会明白这三类习惯其实是相互关联的。

例如，烦躁不安会导致吃得太多，使饮酒量增加；上网时间过久会导致熬夜；因为不会收拾而变得烦躁不安；闷闷不乐地思虑太多，便想通过赌博来忘却痛苦。一个坏习惯，会引发其他一连串的坏习惯。

这样一个一个看下来，你就会明白恶性循环的发生机制了。

三类想戒掉的习惯

Level 1 行动性习惯
- 时长：1个月
- 上网，乱花钱，拖延症，假期生活毫无节制等

Level 2 身体性习惯
- 时长：3个月
- 抽烟，吃太多，饮酒过量，熬夜等

Level 3 思考性习惯
- 时长：6个月
- 烦躁不安，闷闷不乐，因为完美主义而思虑过多等

习惯终结术的整体概况

从本节开始，将为大家介绍习惯终结术的整体概况。

基本上以第42页—第43页的身体性习惯（3个月）的规划图为基础展开。请大家把行动性习惯（1个月）的规划图作为身体性习惯的缩略图来看。在第二章的结尾会对此进行说明。

关于思考性习惯则会通过第三章的事例来进行说明，请大家放心。

将习惯终结术作为一连串的流程来说明，其目的有两个。

第一个目的是因为从高处俯瞰自开始戒掉坏习惯到养成习惯的这一过程是非常重要的。一旦开始养成习惯，就会感到这一痛苦的时期似乎会一直持续下去。但是，**只要**

戒掉坏习惯的规划图（身体性习惯）

	禁欲期	动力缺乏期
阶　段	第1周—第3周	第4周—第7周
症　状	痛苦难耐	顺其自然
方　针	克服千难万阻	制定成功范例
对　策	①营造杜绝诱惑的环境 ②将行动可视化 ③给破罐破摔设定上限	①设定必胜模式 ②制定例外规则 ③提升动力
转换步骤	Step 1　明确心灵慰藉 Step 2　考虑替代方案 Step 3　尝试替代方案	
核心理由	①危机感 ②快感 ③期待感	
心灵力量	①锻炼内心的力量 ②提升内心的能量	
原　则	原则1　一次只投入一个习惯的养成 原则2　明确中心点和瓶颈 原则3　重视过程而非目标的达成	

第二章　构建人生的良性循环——习惯终结术

	平稳期	倦怠期
	第8周—第10周	第11周—第13周
	神清气爽	原地踏步
	提高实践率	开启变化模式
	①回顾过去的行动 ②彻底地戒掉	①注入刺激 ②计划下一个习惯

43

明白在到达终点之前的过程中正处于什么阶段，就能客观地把握现状。这就是在习惯培养过程中不容易受挫的一大原因。

第二个目的是由于**养成习惯的用时不同，所以受挫的地方以及产生的症状也不同，因此必须对每一个阶段的对策都了然于心。**

本书的方法是我在为超过200人担任习惯培养顾问的过程中，经过验证和普及后的产物。通过推行这些已经得到验证的对策，更容易克服困难。

从下一节开始，将按照顺序介绍戒掉坏习惯的三个原则，战胜欲望的准备工作以及各个时期的具体对策。

开始培养习惯之前需要理解的三大原则

在开始培养习惯之前,要掌握以下三个原则。

原则1　一次只投入一个习惯的养成

这在《坚持,一种可以养成的习惯》中也提到过,想一次就贪心地养成很多个习惯,受挫的概率就会上升。因为仅仅养成一个习惯就已经很困难了。

刚开始会觉得不满足于一个习惯的养成,其实这没关系。如果1个月戒掉一个行动性习惯的话,1年就能戒掉十二个。即使是3个月才能戒掉的身体性习惯,一年也能戒掉四个。

请不要贪心,按照一次一个的顺序来进行,踏踏实实地戒掉坏习惯。

原则2 **明确中心点和瓶颈**

在培养习惯的过程中，有一个关键性的指标叫作中心点。

以熬夜为例，很多人都把焦点放在起床时间上。比如决定五点起床然后朝着这个方向努力。但其实应当作为中心点的是就寝时间。因为如果不改变就寝时间，仅仅改变起床时间，会造成睡眠不足而导致失败。不是去设定这样那样的行动规则，而是只盯住一个重要的中心点，这样自然而然就会有效果。

另一方面，所谓瓶颈是指集中于中心点时使问题产生的障碍。例如上司交办的紧急任务或是酒局。快要输给诱惑的那一瞬间是什么，原因是什么，考虑清楚这些问题是非常重要的。

原则3 **重视过程而非目标的达成**

目标的达成是对结果的关注，而习惯的培养则是关注行动和过程。

"为了控制饮食，减重5公斤！"这是目标达成，是关注结果的表现。如果是这样，那么目标达成后动力就会消失。而习惯培养则是将行动变成无意识行为的过程，这种方式反而更有成效。

拥有战胜欲望和诱惑的心灵力量

戒不掉坏习惯是因为被眼前的欲望和诱惑打败了。

例如,即使正处于减肥阶段,也会忍不住去便利店买甜食当点心吃,或者喝完酒后再去吃拉面。一不小心就被眼前的欲望和诱惑打败,也就戒不掉坏习惯了。

作为习惯终结术的实现基础,需要拥有不输给眼前的欲望和诱惑,控制自己情绪的力量。

本书中将这种力量称为"心灵力量"。

只有努力提升心灵力量,才能搭建起习惯终结术的基石。

心灵力量强大了,暴饮暴食、饮酒过量等坏习惯才会离你而去。

那么,如何提升心灵力量呢?

> 要控制自我必须拥有"心灵力量"

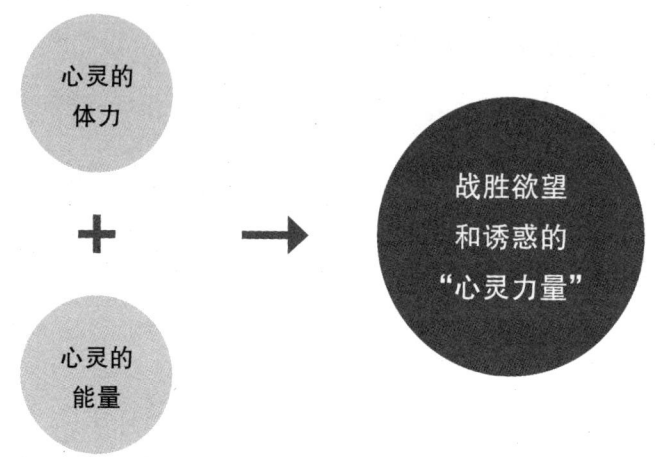

首先希望你记住的是，心灵力量和身体一样，也是由体力和能量组成的。

锻炼心灵的体力

心灵的体力是一种自制力，也就是能够控制欲望的最根本的力量。

要想增强体力，踏踏实实地多多养成好习惯，坚持每日例行事项是非常重要的。

也就是说，**随着好习惯一个接一个地增加，控制自我**

的心灵力量也会越来越强大。

为您推荐以下几个能增强体力的习惯：收拾，早起，运动。养成了这三个习惯，就能锻炼出十分强有力的自制力。

要想发挥体力，能量十分必要

但是，无论有多强大的体力，和身体一样，能量处于枯竭状态的话，就容易输给诱惑。因此，心灵的能量就显得尤为重要。

所谓心灵的能量，是指一天中精神上的能量。

采取行动时，开始工作时，充满干劲的状态就是心灵能量高涨的表现。

另一方面，星期五晚上十一点在睡眠不足和疲劳困乏的状态下工作，就是缺乏心灵能量的表现。

心灵的能量在戒掉坏习惯的过程中有着非常重要的作用。**在能量缺乏的状态下，是难以战胜欲望的**。心灵的能量并非一天24小时平均分配，而是在不断消耗。

心灵的能量十分充沛时，心灵的体力就能得到最大限度的发挥，也就能够战胜眼前的欲望。

如何提升心灵的能量？

那么，如何才能提升心灵的能量呢？

心灵的能量不足的表现是筋疲力尽，在耗尽了一天的精力的状态下，很容易输给眼前的诱惑。

下面列举了能量损耗的六大原因。

①睡眠不足

②空腹

③压力大、过度劳累

④身体不适

⑤停滞不前

⑥火急火燎

针对这些问题，提供以下六个相应对策。

①深度睡眠

②按时按量吃饭

③从容度日

④预防感冒

⑤获得成就感

⑥提前准备

总结一句话,就是要摄入营养,保持良好睡眠,给自己留出放松的时间。此外,还要排解过多的压力。

根据心灵的体力状况,在击退诱惑和欲望时,让心灵的膂力和能量达到一个良好的状态是非常重要的。

但是,心灵的体力在一瞬间就会被夺走。这就是酒。酒精会夺走心灵的体力,让人抱着一种"今天就这样了"的心态敷衍了事。

无论如何都想戒掉这个习惯的时候,控制饮酒是明智的选择。

心灵的体力高涨时,就会沉浸在一种自我成就感(能够控制自己生活的感觉)之中。仅这一条,就会让人心情舒畅,自身印象得到提升。

每个人都拥有心灵的体力。要想恢复它并将其掌握在自己手中,坚持锻炼是非常重要的。

为了提升心灵的体力,每个人都能做到的事情,首先就是每天早晨起来收拾5分钟。心情变得清爽了,那么全身上下的细胞就会被激活,一下子开始活跃起来。

从核心理由中找到动机

世界第一成功导师安东尼·罗宾有这样一句话：

"取得卓越成绩之人，是将别人认为痛苦的事情、讨厌的事情作为目标并持之以恒地努力的人。"

就减肥来说，为了向心仪的人表白，你就会努力让自己瘦下来。

还有，做完体检发现自己血糖偏高，医生告诉你要是再这样下去，就有患糖尿病的风险。这时你就有了一种危机感，打算让自己瘦下来。

因此，**只要为了达到"某种目的"的理由越强烈，就越容易克服眼前的诱惑。**因此，重点不在于你的意志是否坚定或薄弱，**找到最核心的理由才是实践习惯终结术的关键。**

在寻找核心理由的时候，建议大家以"危机感、快感、期待感"这三个关键词作为突破口来考虑。

第一个**"危机感"**，是指不戒掉这个习惯，就会有非常糟糕的事情发生。例如，继续抽烟的话就有可能患肺癌，如此一来，就会让亲人失去温暖的家。你需要的是这样一种危机感。

要领在于，考虑到那些会因为自身的健康问题而悲痛不已的人。危机感是戒掉坏习惯的一个强有力的理由。

第二个**"快感"**，是指如果能戒掉这个习惯，就会有美好的变化在等待自己。例如，戒掉熬夜的习惯的话，就能保证七小时的睡眠时间，白天不犯困，早上起床也不痛苦，一整天都可以过得十分愉悦。

通过戒掉坏习惯能迅速获得的益处就是一种短暂的快感。

第三个**"期待感"**，是指相对于快感是获得眼前的益处，期待感则是一种长期的回报。如果能坚持戒掉坏习惯，会有怎样的效果？大家可以拓宽思路，想一想这将给工作、人际关系、健康、家庭带来的长远影响。

还有将时间轴延伸，想象一下通过坚持戒掉坏习惯，半年后、1年后、3年后会有怎样的改变。这也是十分有效的方法。

例如，戒掉吃得太多的习惯后，就能恢复到二十几岁时的体形。于是对自己的自信心也增强了，再通过运动锻炼身体，让自己重新拥有朝气蓬勃的体魄。在公司不会被当作大叔来对待，年轻的下属也会对你产生艳羡之情。

请大家从危机感、快感、期待感这三个源泉出发，考虑戒掉坏习惯的核心理由是什么。

然后将这三个核心理由**写在纸上，让自己随时都能看到**。如此一来就能提升动力并保持下去。

寻找核心理由的三大源泉

① 危机感
再这样下去就糟糕了！

② 快感
会有好多开心的事情等着我！

③ 期待感
将来，我会有一个华丽的逆袭！

减轻痛苦的"替换"技术

戒不掉坏习惯的原因,就像我之前说的,是因为这个习惯可以满足自己的欲求,让自己获得一定的心灵慰藉。

在戒除坏习惯的时候,如果**准备一个能获得同样的心灵慰藉的替代方案**,那么同欲望的斗争就会变得轻松许多。

具体以吸烟为例,假设有人一天抽一包香烟,工作中面临压力感到紧张或是烦躁不安时,抽烟可以让人获得"放松"的心灵慰藉。如果不准备一个替代方案就贸然戒烟的话,光是同尼古丁的搏斗就已经让人筋疲力尽,再加上释放紧张与烦躁不安的出口也被堵上了,戒烟计划就越发容易夭折了。

如图所示,可以用喝咖啡、嚼口香糖的方式来代替

替代方案的构成

没有得到满足的欲求	坏习惯	心灵慰藉
紧张，烦躁不安	抽烟	放松

↓ 替换

没有得到满足的欲求	新方法	心灵慰藉
紧张，烦躁不安	喝咖啡 嚼口香糖	放松

吸烟。如此一来就可以降低因为没有得到满足而产生的欲望。

　　来说说我的例子吧。以前我特别喜欢喝可乐，从早晨开始喝可乐成为了我的习惯。但是，可乐喝多了会引起健康问题。为了戒掉这个习惯，我使用了替换的技术。首先，欲求没有得到满足的原因是犯困、倦怠，而喝可乐带给我的心灵慰藉则是刺激、消除睡意。

　　作为替代方案，我选择喝柠檬味的苏打水。只要有碳酸和柠檬的刺激，也就不需要可乐了。这样一来，我就戒掉了过分摄入可乐的习惯。

第二章 构建人生的良性循环——习惯终结术

但是,这里还要多说一句,并非所有的坏习惯都能带来心灵慰藉,所以,即使没有替代方案也能干脆地戒掉。

通过替代方案维持心灵慰藉,这样一来,在戒掉坏习惯的过程中痛苦程度就会大幅度减轻。

转换时需要三个步骤。

Step 1 明确心灵慰藉是什么

首先,在第21页的表格上也有涉及,坏习惯满足了"想要放松,想和他人联系,想要获得刺激,想忘记烦恼,想从压力中解放出来"之类的欲求。

但是,某种习惯满足了何种欲求是因人而异的。有人通过抽烟来放松身心,而问题少年则是通过抽烟来引起家长和老师的关注。

先给自己想要戒掉的习惯列一张清单,写出通过这个习惯所获得的心灵慰藉。

这时候,下意识地去思考以下三个问题,答案就很容易浮出水面了。

问题① 什么时候会有这个习惯?

问题② 做完这个习惯性行为以后,心情变得如何?

问题③ 通过这个习惯得到的欲求或者心灵慰藉是什么?

Step 2　考虑替代方案

明确了心灵慰藉是什么以后，就要来考虑替代方案了。

难以忍受空腹时，是喝咖啡、吃糖，还是练腹肌？在做过各种各样的尝试以后，你就能找到有效的方案了。

上页中的例子是以前在我的研讨会上，参与者们所思考的"想要戒掉的习惯，心灵慰藉，替代方案"。我建议在刚开始的阶段，最多为一个习惯设计三个替代方案。

替代方案 案例

想戒掉的习惯	心灵慰藉	替代方案
抽烟	得到放松，与他人联系	吃东西 担任酒会的干事
吃得太多	得到放松，忘记烦恼	培养兴趣 悠闲地泡澡，追海外电视剧
饮酒过量	回归自我，忘记烦恼	和能让自己释放真实自我的人谈心 寻找其他能让自己沉迷其中的事情
网瘾	获得新刺激，与他人联系	每天做不同的事情 和朋友一起喝酒
拖延症	从麻烦、痛苦中解脱出来	分解工作 循序渐进地推进

Step 3　尝试替代方案

请用"感觉"来判断替代方案是否符合自己。无论在道理上说得多明白,欲求没有得到满足的话,一切都毫无意义。还有,建议不要只采用一个替代方案,而是几个方案组合起来使用。如果能够实现得心应手的转换,那么同欲望搏斗而产生的痛苦就会大幅度减少。这些多多少少会有些浪费金钱,但是考虑到戒掉后的好处,就权当是对自己的投资吧。

顺带说一句,没有必要把替代方案作为习惯。如果这是一个可以回避痛苦的方法,那就尽管去尝试,一旦有了成功的替代方案,自然而然地就能坚持下去。

决定习惯性行动的层次

在实践习惯终结术时,要判断我们最终戒到哪种程度,需要给习惯性行动的层次做个划分。

戒掉坏习惯的行动分为两大类。

①彻底戒掉

抽烟、赌博、打游戏等依赖程度很高的习惯,与其减少,不如彻底戒掉才更有效。

只有彻底戒掉这些有依赖性的习惯,成功率才会提高。这种情况下,重要的就在于选好替代方案。

②减少量或者时间

上网时间过长,进食量或是饮酒量过多,生活无节制，乱花钱等，这些都可以通过减少量或者时间变为理想状态中的习惯。彻底戒酒是一种手段，但是少喝酒也可以是一种选择。

在明白了上述原理以后，可以给"习惯终结行动"做个具体的计划安排。

在禁欲期结束以后，即使改变习惯性行动也不会出现问题。只要尝试去做并进行判断就可以了。只是这终究决定了理想中能达到的高度。

在制定具体计划的时候，要明确"什么时候，做什么，做到什么程度，怎么做"。

如果是戒掉吃太多的习惯，就要做到每天早中晚的食物摄入控制在1,800卡路里以内。

如果是戒烟，就要做到每天都不抽烟。

如果是戒网瘾和手机控，就要保证每天的使用时间在30分钟以内。

如果是烦躁不安，就每天晚上花30分钟将烦躁不安的事情写在笔记本上进行化解。

在计划好了这些具体的习惯性行动以后，就去大胆地实践吧。

从下一节开始将针对禁欲期、动力缺乏期、平稳期、倦怠期等不同情况来制定对策。

禁欲期 【第1周—第3周】——痛苦难耐

禁欲期就是同欲望作斗争的时期。这时候很容易就输给吃甜食的诱惑或是想上网的冲动。

要戒掉已经养成的习惯，必须同眼前的欲望作斗争。

如同我前面所说，在欲望和理性两者之间，欲望会在瞬间攻陷你的内心。

为了克服这个困难，尽管会不断重复，只要掌握三个原则，做好三个准备工作（心灵力量，核心理由，替代方案），问题就不难解决。

接下来将介绍度过禁欲期的方针和对策。

第二章 构建人生的良性循环——习惯终结术

方针 克服千难万阻

不管怎么说,禁欲期是一段很痛苦的过程。即使最初的第一天、第二天、第三天还能忍耐,到了第四天就会输给诱惑,一不小心就管不住自己的嘴开始吃很多东西,管不住自己的手开始上网等,这个时期就是在不断地重复成功与失败。

但是禁欲期就是这样,即使有各种各样的困难,关键是要熬过前三个星期。在接下来的内容中也会提到,这一段千难万阻的经历对于制定动力缺乏期的成功范例将是一份宝贵的资料。

正因为如此,每天都要调整心态,以饱满的精神投入其中,不要为昨天的失败而纠结苦恼。

还有,对于熬夜或是吃得太多这些即使挑战了无数次却还是失败了的习惯,就会因为"反正也戒不掉了""是我自己意志太薄弱了"而轻言放弃。但是,这只是对无意识的抵抗势力的屈服罢了。

很多"三天打鱼,两天晒网"的人,普遍都有一种完美主义的思考模式。无论做什么不做到完美就不甘心,这样的人更容易遭受挫折。一天之中只要有一次没做到,他们就会情绪低落,轻言放弃。

例如,减肥时决定将一天之中摄入的食物热量控制在

1,800卡路里以内。最初的三天很顺利地完成了目标，可是到了第四天刚一参加酒局，卡路里就超标了。结果就破罐破摔，"反正也坚持不下去，最后还是0分"，接着又开始毫无节制地暴饮暴食了。

对于这种有完美主义倾向的人，我建议他们采用"最优主义"。就算不是100分的行动和结果，也请接受80分、70分，多给自己一些宽松灵活的空间。像刚刚的例子，即使在酒桌上无法将卡路里控制在1,800卡以内，那么至少控制在2,500卡以内，这也不失为一个可行的办法。

那些不勉强自己并实现了习惯培养的人，都具备这样一种灵活的姿态。

对策1 营造杜绝诱惑的环境

要防止受挫，就要警惕欲望达到峰值，并远离诱惑因素。

比如在减肥时，当空腹感达到顶峰阶段，会一不留神走进超市，想着"就今天一天吃一点也没事"，结果就伸手去拿油炸食品和甜食了。在禁欲期能够忍得住的人非常少。也有在戒烟时，和喜欢抽烟的朋友一起喝酒，酒劲上来之后便控制不住自己了，于是就冒出一个念头："向他要一根来抽吧。"

因此，需要通过以下两点来创造一个杜绝诱惑源的环境。

①设想所有可能的诱惑

在打算戒掉吃得太多、饮酒过量、熬夜等习惯的时候，无论是哪个习惯都势必会面临难以抵挡的诱惑。所以，请设想一下所有可能出现的诱惑。

如果有吃得太多的习惯，在空腹的时候就会走向便利店，结果一不留神就买了一堆零食。如果有饮酒过量的习惯，就很难推脱来自朋友的酒局邀约。如果有熬夜的习惯，就会忍不住打开电视一直看午夜节目。

②减少或者消除这些诱惑

在禁欲期需要付出极大的努力来避免诱惑因素。只要超过三个星期，欲望一下子就会消停下来，更容易用理性来控制。在此之前就需要忍耐。

正因为如此，就应该在三个星期内拒绝酒局，不去便利店。戒网瘾的话就要拔掉网线。为了防止乱花钱，一天在钱包里面只放2,000日元。创造这样的环境才是有效的对策。

对策2　**将行动可视化**

记录式减肥已经成为一大潮流趋势。很多人都通过这个方法成功瘦身。

事实上记录对于所有习惯都是有效的。对于饮酒过量或是烦躁不安、拖延症也能产生效果。

为什么说记录如此重要？这是因为将行动可视化以后，就能对其进行控制。通过记录，自然就会产生一种自我控制的意愿。

几乎所有的行动性习惯都是无意识的循环往复，所以是不可控制的。但是，通过数据或是语言将其可视化后就能被强烈地意识到，从而可以对其进行管理。这就成为了一种动力。

运动也是一样，将每天跑步的距离记录在手机上的人会因此产生动力。持续一段时间不跑步的话，就会情绪不佳，想再动一动，跑一跑。

走路也是如此，带着计步器走路的话，要是发现今天步数还不够，就会下意识地告诉自己再走一站。熬夜也是如此，持续记录就寝时间的话，自我管理意识就会飞跃式地提升。

通过将行动可视化，能够加强自我管理意识，这就是可视化的魔法。

尤其是在戒除坏习惯的时候，在同欲望的搏斗中，自我管理意识将成为一股非常巨大的力量。正因为如此，请务必将其可视化。根据习惯性行动，可以列出如第67页所示

可视化记录项目

想戒掉的习惯	记录项目
拖延症	已处理完的工作数量，花费的时间
网瘾·手机控	使用时间
乱花钱	使用金额，存款额
生活毫无节制	一天的行动记录
熬夜	何时就寝，睡前做了什么
吃得太多	摄入的卡路里，吃的食物
饮酒过量	饮酒量
烦躁不安	烦躁不安的次数及其原因
闷闷不乐	闷闷不乐的次数及其原因
完美主义	工作完成的程度以及花费的时间

的记录项目。

还有，在记录的时候尽量用以下两个方法来实现表格化和数据化。

①用表格来记录

记录在纸质的笔记本上或是记录表上。在经常记录的笔记本上打钩或画叉，如果每天都去看，就不会觉得记录是件麻烦的事情。

②用数据来记录

现在是智能手机的时代。不要说是每天，每隔5分钟就看一次手机的应该也大有人在。在这些智能手机中，有很多具有记录功能的软件。它们最大的优势就在于能简捷地将数据集合起来，实现表格化。还有走路或是慢跑、睡眠等，最近的手机软件都能自动记录了。

对策3　给破罐破摔设定上限

能在21天的禁欲期内完美地克服困难之人估计寥寥无几。有受挫的日子是正常的。这时候很有可能会像完美主义者一样，因为一次挫折就一蹶不振，进而陷入不作为的"破罐破摔的思考模式"，这样的例子并不在少数。因此制定相应的对策就十分必要。

破罐破摔的状态就是失去了控制的状态，但是即便是这样，举个例子来说，至少也要做到不去碰最后一块甜点。只要对自己的规则稍加遵守，就可以将挫败感控制在最小范围内。

鉴于有那些容易受挫的例子或是事实上已经受挫了的日子，请给自己设定一个最低限度的规则。例如，吃得太多，在酒局上的卡路里超标时该怎么办，压力爆表时该怎么办，在便利店忍不住想买甜食的时候该如何应对，建议大家好好考虑一下这些问题。这里给大家两点提示。

第二章　构建人生的良性循环——习惯终结术

①设想会陷入破罐破摔的思考模式的情形

请设想几个容易受挫的例子：在公司忙乱不堪的时候，去便利店的时候，有酒局的时候，身体不适的时候等。

②思考受挫时的对策

虽然根据不同的案例，实际情况也会有所不同，但即使运用同一个规则也没关系。

例如即使吃多了，至少将卡路里控制在2,500卡以内，忍住不吃最后的一份甜点，喝酒回来以后的拉面也不要吃了等。

如果任由自己破罐破摔下去，那么很有可能再也无法唤起自己的动力了。至少也要有一种稍稍遵守了自己的规则的自我控制感。

总之，最初的三周将面临各种各样的困难。但是，三周也不过是由21个一天集合起来的，假设第一天没做到，第二天还是应该以饱满的精神状态投入其中，抛弃自我厌恶感再次出发就可以了。

再次强调一遍，要从完美主义中脱离出来转变为最优主义。

从整体来看，禁欲期只不过是一个热身环节。在这个阶段要避免碰钉子，以最优主义来克服所有困难才是明智的选择。

动力缺乏期 【第4周—第7周】——顺其自然

度过禁欲期以后，对欲望的掌控就变得容易多了。

原本以为接下来就会顺利地步入正轨，结果在动力方面又出现了问题。

到了这个阶段，很容易陷入这样一种模式：会自问自答，为什么要戒掉这个习惯，做这件事情到底有什么意义，然后失去干劲，偷懒三四天，不久就受挫失败了。

很明显，这是由于在禁欲期间蓄积的"想要戒掉"的原始能量已经被消耗殆尽了。没有人能够从头至尾地保持动力不受损耗。因此，在动力缺乏期最重要的事情就是再次激发斗志，并以前三周禁欲期的经验为基础，制定出最

符合自己的行动模式。

这样一来,无需花费不必要的力气就能自发地坚持下去了。

方针 **制定成功范例**

如上所述,无需花费不必要的力气,让我们来制定符合自身情况的成功范例。有以下三个对策可作参考。

对策1 **设定必胜模式**

禁欲期的三周(21天)内肯定有进展顺利的时候,也有不顺利的时候。只有对禁欲期的行为做了总结回顾以后才能得出这个模式。因此,要以这21天的记录为基础,考虑如何才能顺利进行下去,为自己找出一个必胜模式。

进展顺利的时候,肯定有相应的模式存在。把它作为必胜模式融入日常行为之中,使之成为一种身体的节奏固定下来。

(例)吃得太多

按照早上400卡路里,中午900卡路里,晚上500卡路里的规则来进食。

(例)熬夜

晚上八点下班,回去后不要打开电视机,而是马上去洗澡。

> **对策2** 制定例外规则

制定出模式后就要考虑灵活性。通过固定模式能让生活产生节奏感，但是出现临时需要加班或是有紧急的应酬时，就无法遵守这个必胜模式了。这时候，为了防止全线崩溃，可以制定例外规则来确保灵活性。

（例）吃得太多

设定一周之内摄入卡路里的总量，维持这一周之内的平衡。

（例）熬夜

加班时：虽然就寝时间已经超过晚上十点了，但是起床时间要保持一致。即使睡眠不足，这一天也要坚持挺过去。

休息日：周末在家陪伴家人时，可以切换到晚上二十四点就寝，早上七点起床的模式。

> **对策3** 提升动力

最初的三周很容易就耗尽开始时的原始动力。以火箭来说，就是到了点燃第二个引擎的阶段。

在《坚持，一种可以养成的习惯》中，介绍了作为工具的十二个"持续开关"。这次,在《如何戒掉坏习惯》中把它异化一下,作为八个"动力开关"介绍给大家。

开关1 有魔力的语言

开关2 习惯与梦想

开关3 严丝合缝的时间安排

开关4 计时器效果

开关5 奖励与惩罚

开关6 自我反省

开关7 习惯的伙伴

开关8 向大家宣言

八个动力开关

1. 有魔力的语言

2. 习惯与梦想

3. 严丝合缝的时间安排

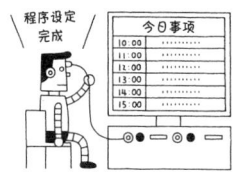

4. 计时器效果

5. 奖励与惩罚

6. 自我反省

7. 习惯的伙伴

8. 向大家宣言

开关 1　有魔力的语言

内容

激发动力，
用有魔力的语言激励自己。

要点1　寻找有魔力的语言

思考遭遇挫折时能够激励自己的有魔力的语言（名言、核心理由、能让自己产生干劲的话语等）。

要点2　说出来，写下来

把有魔力的语言说给自己听，就会成为动力。早上起来把它说出来也好，默念也好，或者写在纸上并贴在看得见的地方，都会有效果。

事例1　吃得太多

早上起来念十遍："瘦掉10公斤，拥有EXILE[①]般的健美身材！"

事例2　熬夜

"习惯是第二天性"（西塞罗[②]），"我们每一个人都是由自己一再重复的行为所铸造的。因而优秀不是一种行为,而是一种习惯"（亚里士多德），把这些名言写在笔记本上，上下班的时候就拿出来看看。

---

① 放浪兄弟（EXILE），日本演艺组合名称，以融合日本音乐（J-POP、R&B）与舞蹈为目标的14人演唱与舞蹈团体。——译者注
② 马库斯·图留斯·西塞罗（Marcus Tullius Cicero，公元前106年—前43年），古罗马著名政治家、文学家和哲学家。西塞罗出身于奴隶主骑士家庭，因善于雄辩成为罗马政治舞台的显要人物。——编者注

开关2 习惯与梦想

内容

描绘戒掉坏习惯以后的美好景象。

要点1　描绘最高的理想境界

通过描绘理想境界来提升动力。通过坚持不懈的戒掉坏习惯来想象即将获得的，具有发展前景的理想世界。

要点2　计划好习惯

即使能够戒掉吃太多、熬夜、生活无节制等坏习惯，至多也就是从负变为零。考虑一些能够接近理想的好习惯，在还没有养成这些好习惯以前，就会明白眼下也只不过是一个过渡时期。

事例1　熬夜

早上早两个小时出发去公司，每个月就能缩短40个小时的加班时间，一边上班一边去商业学校学习，然后跳槽到外资咨询公司。

事例2　乱花钱

戒掉乱花钱的习惯，把钱存起来，买下市区的设计师品牌公寓。

开关 3 严丝合缝的时间安排

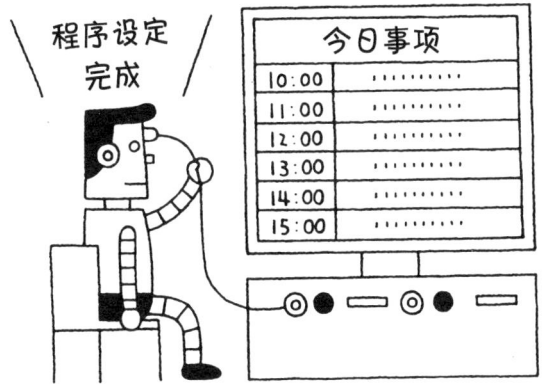

内容

安排好具体行程以后,机械化地加以完成。

要点1 彻底地具体化

制定理想中的一天的行程，决定早上或是夜间的例行公事，固定一日三餐的菜单，不给自己留有犹豫的空地，以此便能用较少的动力坚持下去。

要点2 可视化

将具体化的事项或是时间表写在纸上以便让自己看到，这样会更有效果。

事例1 吃得太多

设定早上400卡路里、中午800卡路里、晚上500卡路里的食物摄入量。接下来再考虑一周的菜单。要先对便当之类所含的卡路里进行调查。

事例2 生活无节制

制定一份从早到晚的理想的时间表。

开关4 计时器效果

内容

使用计时器,在限定的时间范围内,最大程度地集中注意力。

要点1　不要使用智能手机而是买一个计时器

建议不要使用智能手机的计时器，而是买一个大的数码计时器。

要点2　在规定时间内集中注意力

在规定时间内要心无旁骛，彻底地集中精力并享受其中。这就是计时器的效果。

事例1　拖延症

对于那些不想面对的工作，只给计时器设定5分钟，并快速着手处理。

事例2　网瘾

用计时器设定30分钟的上网时间。在这个时间段内彻底地享受其中，但时间一到，就要坚决停止。

开关5 奖励与惩罚

内容

准备好奖励与惩罚,巧妙地煽动快感和危机感。

要点1　要选择无害的东西作为奖励

最不可取的就是，在减肥时用巧克力作为奖赏，省钱时给自己买喜欢的东西。请准备不会影响戒掉吃太多和乱花钱等坏习惯的奖励内容。

要点2　要选择真正讨厌的东西作为惩罚

惩罚要选择不会加速坏习惯发展，对健康以及生活有益的东西。例如喝蔬菜汁，把讨厌的食物作为晚餐等。

事例1　吃得太多（奖励）

如果三个月内戒掉了吃得太多的习惯，就给自己买一套新的高尔夫球装备。

事例2　熬夜（惩罚）

如果无法遵守就寝时间，那么就在第二天上班之前做30个俯卧撑。

开关6 自我反省

内容

每日都要回顾自己的行为,花一定时间来确认获得的成果与进步。

要点1 决定自我反省的时间

乘坐电车时、泡澡时、完成工作后接下来的时间都可以作为自我反省的时间。

要点2 即使每天只花1分钟也能产生效果

习惯性行动进展得很顺利时,如果能做到每天稍稍地回顾和确认一下,就会有很好的效果。因此,一周总结反省15分钟反而不如一天花1分钟去反省来得有效。

事例1 网瘾

在每天回家的电车上分析上网的时长与时间点。

事例2 饮酒过量

每天早上回想饮酒的量,就可以了解饮酒过量时的倾向并考虑对策(在手机软件上将饮酒量图表化比较有效)。

开关 7　习惯的伙伴

内容

和想戒掉相同习惯的人交朋友，相互切磋，相互鼓励。

要点1　朋友的选择要慎重
如果身边有和自己一样有着相同习惯的朋友，戒掉坏习惯的意愿就会持续下去。但是，同很快就遇挫失败的人在一起时，失败的可能性就会变大。和谁在一起戒掉坏习惯，这需要慎重选择。如果能以本书作为共同语言，就更能互相提供建议了。

要点2　有效地使用网络
社交网络是寻找伙伴的便捷途径。去寻找和你一样想戒掉相同习惯的伙伴吧。

事例1　乱花钱
给想养成节约习惯的伙伴看你的家庭收支记录本，从他那里获取建议。

事例2　熬夜
统一全家人的就寝时间。

第二章 构建人生的良性循环——习惯终结术

开关 8　向大家宣言

内容

通过向周边的人宣言来督促自己。

要点1　选择严苛的监视人

选择上司或是家人、孩子等作为监视人,因为他们绝不允许你背叛承诺,失去信用。而那些能原谅你借口的人,则不是合适人选。

要点2　考虑宣言的方式

在大家都会使用的Facebook或是微博上宣言,或者写一封誓言书等都是有效的方法。

事例1　饮酒过量

在Facebook上宣言要戒酒。

事例2　吃得太多

向朋友宣言瘦身10公斤,如果做不到,就请他吃高级的法国料理。三个月后,在体重计前证明自己是否完成了誓言。

稳定期 【第8周—第10周】——神清气爽

在通过驱使动力开关度过了动力缺乏期以后,习惯培养便步入正轨了。并且为了戒掉坏习惯而产生的痛苦也减轻了,开始进入一种神清气爽的状态。

但是,这个阶段最有可能经历的失败是,很多人都感觉快成功了,结果就松懈下来了。事实上,这只是路程的一半,你的潜意识还没有对这种节奏"习以为常"。

到了这个阶段,眼光要放长远,正因为处于平稳期,更要严于律己,努力收获好成果。

方针 提高实践率

在这个诸事顺利的阶段,会产生挑战其他坏习惯的念头。但

是，请坚守一次只戒掉一个坏习惯的原则。为了挑战其他坏习惯，就要集中精力戒掉现在的坏习惯。要抱着彻底戒掉坏习惯的决心，严格对待行动结果。方针就是要极力减少达不到要求的日子，飞速提升实践率。

这一时期不能允许自己有例外的情况发生，要努力追求好的成果。

这里有两大对策可供参考。

对策1　回顾行动

认真回顾到目前为止记录的前七周的情况。

从失败案例中吸取教训，并再次强化预防对策和成功范例。

通过回顾可以发现跟以下事情相关的提示。在回顾时，可以向自己提问以下五个问题。

问题① 想要戒掉的习惯在七周内完成了百分之几？

问题② 禁欲期和动力缺乏期的成功率各为多少？

问题③ 进展顺利的原因是什么？

问题④ 受挫的原因是什么？

问题⑤ 以此为据，今后要在哪方面下工夫？

对策2　彻底斩断坏习惯

完成对策1的回顾以后,要极力将戒掉坏习惯的行动率提升至100%。虽然在禁欲期远离完美主义是非常重要的,但是在平稳期,要近乎完美地彻底消除失败的可能性,彻底打消给自己找借口的念头。

由于在平稳期动力和行动都很稳定,所以要严格对待每一天的行动结果,提高实践率。

接下来,就为最后的倦怠期做好准备了。

倦怠期 【第11周—第13周】——原地踏步

结束稳定期以后，就到了最后的难关。这就是在倦怠期会出现的"原地踏步"的状态。

对于正在做的事情开始感到停滞不前的时候，人就很容易破罐破摔。倦怠期是否会马上到来是另一回事，在持续了半年、一年的过程之后，原地踏步的状态肯定会出现。

每个人身上都会存在两种情绪：一种是想要安定下来，还有一种是寻求变化和刺激。感到停滞不前的时候，就是需要变化和刺激的时候了。

接下来给大家介绍两个对策，来应对原地踏步的状态。

第二章 构建人生的良性循环——习惯终结术

方针 设置变化

要解决原地踏步的问题，就要下意识地设置变化和刺激。

对策1 注入刺激

①更新内容

更新习惯性行动的内容。例如，如果是吃太多，就通过更新菜单等来给内容变花样。不用改变想要戒掉的习惯，但要给内容带来多样性。

②更新替代方案

可以增加替代方案，或是发现新的方案。替代方案发生变化，就会成为新的刺激。例如将无醇啤酒改为苏打水，作为戒烟的替代方案。也可以喝咖啡，同时还可以增加一个嚼口香糖的替代方案。

对策2 计划下一个习惯

最后来计划一下在第十三周完成以后想要着手的习惯。在没有到达最终目标以前，你会意识到眼下的习惯培养还只是一个过渡阶段。

接下来着手的习惯，可以是你想要戒掉的坏习惯，也可以是想要继续保持下去的好习惯。

（例）计划戒掉熬夜的习惯

（例）计划继续学习英语的习惯

到此为止，给大家介绍了习惯终结术的整体概况。

顺便说一句，在各个阶段开始前，要按照顺序一个一个来思考计划表的内容。例如，在禁欲期还没有结束前，是不能决定动力缺乏期的内容的。

关于行动性习惯、思考性习惯的规划图

到此为止介绍了习惯终结术（身体性习惯）的规划图。

最后，向大家说明一下有关行动性习惯和思考性习惯的规划图。

简单地来讲，行动性习惯（1个月）是身体性习惯（3个月）的缩略版。其规划图附在第98页。

不同的部分就在于时间变成了一个月，并且不存在身体性习惯中的平稳期。除此之外，几乎都是以同样的阶段，用同样的方法来推进，对此也无需赘述。

从结论来看，思考性习惯（6个月）就是要持续六个月的"书写习惯"。理由是通过书写可以客观地看待自己的思考，并对其进行修正。

第二章 构建人生的良性循环——习惯终结术

即使最初是刻意地去努力修正思考内容，通过书写也可以渐渐地转变为自然的思考模式。六个月以后，即使什么都不写也能自动地意识到想要"戒掉的习惯"（烦躁不安，闷闷不乐，完美主义等）正在发生变化。也就是说变成了一种无意识的行为。

正因为如此，要戒掉不良的思考性习惯，就要以书写习惯为基础。由于书写习惯本身就是行动性习惯，一个月就能掌握，所以也适用于行动性习惯（1个月）的规划图。在看完第三章的十个案例以后，你应该能够有所印象。

即使各位已经明白了这些理论，但是不知如何实践的话，也是没有意义的。

所以，第三章将以十大具有代表性的坏习惯案例为基础，通过制定习惯培养计划，以实践进程表的形式呈现给大家。

对于如何将习惯终结术的规划图运用到各个案例中，相信在看了具体事例以后，能够更好地加深大家对它的理解。

习惯终结术的规划图（行动性习惯）

	禁欲期	动力缺乏期	倦怠期
阶段	第1天—第7天	第8天—第21天	第22天—第30天
症状	痛苦难耐	顺其自然	原地踏步
方针	克服千难万阻	制定成功范例	开启变化模式
对策	①营造杜绝诱惑的环境 ②将行动可视化 ③给破罐破摔设定上限	①设定必胜模式 ②制定例外规则 ③提升动力	①注入刺激 ②计划下一个习惯
转换步骤	Step 1 明确心灵慰藉 Step 2 考虑替代方案 Step 3 尝试替代方案		
核心理由	①危机感 ②快感 ③期待感		
心灵力量	①锻炼内心的力量 ②提升内心的能量		
原则	原则1 一次只投入一个习惯的养成 原则2 明确中心点和瓶颈 原则3 重视过程而非目标的达成		

第三章

实践篇 通过十大事例学习习惯终结术

学习戒掉十大代表性坏习惯的方法

第三章选取了大部分人都想戒掉的十大代表性坏习惯,让我们通过具体事例来学习戒掉坏习惯的方法。

因为大家想戒掉的坏习惯不同,所以方法也不一样。为了加强大家对习惯终结术的理解,我认为有具体案例作支持会更好,以此构成了本章的框架。

本章的每节具体分为以下四个部分。

①具体事例
②根据各习惯制定的对策
③习惯终结计划的实践案例
④答疑解惑

大家无需将每一章节都读完，找到跟自己相关的或是相近的习惯加以集中阅读即可。

为了不让各个对策及建议有所重叠，因此都是分开书写，把上述四个部分全部读完以后相信大家就会明白"习惯终结术"的所有秘诀。

十大代表性坏习惯如下所述：

1个月的行动性习惯：拖延症，手机控和网瘾，乱花钱，生活毫无节制

3个月的身体性习惯：熬夜，吃得太多，饮酒过量

6个月的思考性习惯：烦躁不安，闷闷不乐，完美主义

接下来，就让我们按照各个习惯逐一来看具体事例及对策。

第三章　实践篇 通过十大事例学习习惯终结术

十大代表性坏习惯

①拖延症

②网瘾和手机控

③乱花钱

④生活毫无节制

⑤熬夜

⑥吃得太多

⑦饮酒过量

⑧烦躁不安

⑨闷闷不乐

⑩完美主义

行动性习惯（1个月）

① 拖延症
② 网瘾和手机控
③ 乱花钱
④ 生活毫无节制

所谓行动性习惯，就是可以在一个月内戒掉的习惯，与身体性习惯相比，可以说这是比较容易戒掉的习惯。这次主要跟大家介绍四种行动性习惯，让我们来看看具体的例子吧。

事例1　拖延症——分解和分步是关键

小A在一家食品制造公司做销售。因为觉得每天写报告太麻烦了，所以他都是一周写一次。结果不仅惹怒了上司，还要花时间去回忆一周以前的拜访内容，这让他更加反感写日志了。

还有，他总盘算着等其他事情都安稳下来以后再做客户提案书，可是每次都搞得时间非常紧张，来不及接受客户的订单。

虽然小A知道要去抓住新客户，实施主动式营销，但是由于他到目前为止毫无经验，所以总是裹足不前，每次营业会议都被上司批评。

这样一来，小A做什么事都是不

事到临头绝不着手去做。因此上司对他的评价很低，精神上也感觉在被步步紧逼，导致他对工作产生了压力。

那么，小A要怎样做才能戒掉拖延症呢？

针对拖延症的对策

想去拖延那些让自己感到沉重的事情，可以说是人之常情。这是因为从心理慰藉上来说，也可以让人避开痛苦。

但是，如果不戒掉拖延症的坏习惯，就会像小A一样感受到那些无用的压力，导致工作质量下降，最终也会让客户和上司对他的评价不佳。

拖延症产生的原因是眼前的工作让人很痛苦。

而痛苦的理由则在于它的复杂性、不擅长、麻烦以及不安。以下两大对策可以消除百分之八十以上的痛苦。这就是"分解"和"分步"。

对策1　分解工作

所谓分解就是把需要完成的工作分解成一小块一小块，然后列出具体实施的方法。

举例来说，假设你想吃肉，这时候一整头牛送到了你的面前，显然这样你是没法吃下去的。只有把它切成适合的大小，才能放到嘴里吃下去。

对于一头牛一般的"一大块"的工作量，你是无法着手干起来的。陷入拖延往往就是因为你把一整头牛一样的工作量原封不动地写在了待办事项上。

面对这样大块的工作，将要做的事项一一分解细化并明确，这样一来痛苦程度就会减轻，也会容易上手。下面给大家介绍具体事例。

①复杂的工作

面对复杂的工作，细分以后会更加容易上手。

（例）制作提案书

1.把客户的需求写在纸上（10分钟）

2.考虑三个提案内容（15分钟）

3.跟领导商量（15分钟）

4.列出资料的构成（20分钟）

5.写出第一部分（40分钟）

6.写出第二部分（60分钟）

7.写出第三部分（40分钟）

8.检查是否有错字漏字（15分钟）

> 9.接受上司的检查（20分钟）
> 10.打印（10分钟）

对提案书或是报告书这些总是会重复的工作，做过一次这样的分解细化以后，每次看到这张纸就可以做机械化的操作了。

不是每次都要从零开始思考，而是将必要的工作进行可视化的处理，这样就可以省却思考的精力，也能减轻心理负担。

②麻烦的工作

所谓麻烦的工作就是自己觉得不擅长或是因重复操作同一件事情而备感无聊的工作。即使这样的工作只是简单作业，通过细化分解以后也会变得轻松很多。

小A在书写每日报告这件事情上充满抵触情绪，要回忆一天之内的5件访问，然后还要写他最不擅长的文章，想想就觉得很痛苦。甚至在他积攒了一周的访问以后，就有25件访问稿等着他去写，这也成了他压力的来源。

面对这种情况，可以通过细分出几个小步骤，让工作变得轻松。具体请参考以下内容将其分为三个步骤。

（例）每日报告（写下访问的经过）

1. 每次访问时都将访问内容用录音笔录下来

2. 回公司以后，首先把内容逐条写下来

3. 把每一条串起来写成一篇文章

特别是把访问内容录下来，这对于不擅长写文章的小A来说是非常有效的手段，现在对他来说写每日报告不再是一件痛苦的事情。

③第一次着手的工作

第一次着手的工作也是容易拖延的工作。原因就是不安与恐惧。我把它称之为"鬼屋法则"。因为无法预测事情会发展成什么样子，这就是不安与恐惧的来源。事实上，很多事情做了以后就会发现其实并没有想象得那么难，之前的恐惧与不安也只是杞人忧天罢了。

这种情况下的分解，就要通过"信息收集"和"微体验"来解决。

（例）开拓新客户的主动式营销

小A之所以会拖延开拓新客户的主动式营销，是因为没有经验的他充满了对未知的各种不安与惶恐：对方会是什么态度？面对初次见面的人，我能把话说好吗？对方会是怎样的一个人呢？

既然如此，把未知转化成已知就是解决问题的关键。首先向有经验的人士收集信息。想象与现实之间往往存在着巨大的差异，特别是当不安不断膨胀以后，就会进行一些大大脱离实际情况的想象，很多时候会被这些想象吓倒。

还有一个对策就是微体验。

这时候就要把公司的同事或前辈当作客户，跟他们一起进行角色扮演。这样一来你的不安就会变成一个课题，然后课题会转化成对策。面对自己束手无策的不安无法想出一个对策的时候，哪怕是稍稍体验一下也是很重要的。

比如，如果害怕突然要在海里做潜水运动的话，可以先在运动俱乐部的游泳池里体验一下模拟的潜水运动，这样会让之后的实践轻松很多。

以上就是细化分解的方法。

对策2　分步骤行动

消除拖延症的第二个技巧就是分步。

这虽然像是婴儿迈出的一小步，是很小的开始，但是她的威力却是超乎想象的。

为什么人们会拖延一件事情，这是因为大家总会在脑海中反过来推想那些让自己望而生畏的完成后的结果以及过程。最终内心就会涌出"真麻烦""好沉重"这样的感受，为了回避这种痛苦，自然而然就会选择拖延。

虽然我们在开始行动前会给自己设定一个结果然后再去着手，但是如果把这些结果分割成简单的一小步、短暂的一小段的时间，那我们内心的痛苦就会消失。

组成这个思路的就是分步。

以那些不会收拾的人为例来看一下。

不擅长收拾而选择拖延的人，往往会给自己设定一个收拾得十分完美的状态。反过来一想，要达到这种状态需要花费半天的工夫。一想到还有其他事情要做，光收拾太麻烦了，结果就想着等一会儿再说了。

这时不要给自己设定完美的目标，假如只是决定收拾15分钟，意外的是很多人都会开始着手收拾。

分步行动中有两大观点。

①限定时间

首先，不是以完成的状态为目标，而是以时间为目标，将注意力集中在过程上。这样一来，精神上也会感觉轻松许多。好比千里之行始于足下，一步一步地慢慢积累也是非常重要的。拿我自己来说，实在不想干的时候，给自己设定5分钟的目标。不太擅长的工作就给自己设定15分钟，重要的工作则设定90分钟去做。我用5分钟，15分钟，

"拖延症"的想法与"立即行动"的想法

"拖延症"的想法

花费半天时间→心情沉重→拖延

"立即行动"的想法

设定15分钟的时间→心情轻松→立即行动

90分钟来分割工作。

大家在准备行动之前,请务必给自己设定一个易于行动的时间。即使只是跨出小小的一步,也会大大提升你的动力。当大脑停止运转的时候,当脑海中浮现出"不去做也没关系的理由"的时候,就要考虑一下"继续行动下去的理由"。

②降低难度

除了限定时间以外,降低目标的难度也是视角之一。

例如,只打扫一个房间,只打扫厨房等。

降低门槛之后就会容易上手。

这样一来,便可以通过分步和细化分解来解决大部分的拖延问题。之后的关键就在于能彻底执行到何种程度。

戒掉拖延症的实践案例(1个月)

小A在禁欲期的七天里决定每天着手解决一件正在拖延的工作。

第一天从每日报告开始。每天都要把拜访的5位客户的情况录入到公司系统中。这时候,小A给自己分解设定了四个步骤。①拜访客户后做好录音工作②分条写下来,输入到系统里③将条目串成一篇文章④检查错别字。

之前，最让他痛苦的事情莫过于到了晚上十一点，已经忙了一天精疲力尽以后，还要去回忆一天之内的5件拜访的情况。但是自从改变了方法，每次商务拜访结束以后，他可以在途中把内容录音到手机里。以前每次做记录的时候都非常花费时间，但是只要把内容说出来，就变得非常简单。边走边把拜访的要点录下来，在一天的工作快结束之前，边听录音边把内容逐条写下来，然后串成文章。令他惊讶的是，书写每日报告变成了一件非常轻松的事情。

第二天去解决让他感觉特别沉重的邮件回复问题，第三天是撰写提案书，按照这种节奏，小A渐渐解决了一件件在拖延的工作。

此外，他还制作了一份拖延事件消除表，边检查边在上面写下自己的感受（心情）。每天做了什么工作，付出了怎样的努力，心情如何之类，他都记录了下来。

作为拒绝诱惑的机制，他给自己定了一条规矩：每天早上在最棘手的工作上只花15分钟时间。

到了动力缺乏期，他把细化分解和分步的方法扩展到了所有待办事项中去。

早上上班以后，正当他开始做计划的时候，却总会碰到很多紧急的事情，为了避免这种情况，他会在上班的地铁上看一看自己的待办事项，把每件事都细化分解，分步骤地写下来。这样他就会做出一份属于自己的待办事项表。

于是，小A每天早上上班以后能首先去处理那些让自己格外沉重的已经拖延了的工作。

到了倦怠期，他开始在增加变化性上下工夫，对于那些已经重复了无数次的常规性的工作，他开始细化分解，为了使其可视化，还制定了一份手册。

提案书的撰写，新客户的开拓过程，每月报告的撰写，报告书的制作，会议举办流程等，他把每一项工作对应的最合适的流程都写进了电子表格中。通过这样的标准化作业，不需要每次一一思考那些让自己沉重的工作流程，而可以从一小步开始去解决。还有，即使被电话或者紧急邮件、上司交代的紧急工作打乱了节奏，因为他非常细致地将工作分步骤进行，所以中断以后还可以很容易地再次开始。

小A的拖延事项越来越少，周围的人也开始称赞他"最近工作速度快多啦"，他也变得更加自信了。

戒掉拖延症的实践案例 总结

习惯性行动

每天从最棘手的工作开始做起,重要的工作要提前结束。

做好战胜欲望的准备

①提升心理承受力
- 饮食要按时按量吃好。
- 早上要不慌不忙地去上班。

②给自己设定必须戒掉拖延症的理由
- 危机感:如果再这样下去,会让上司以及客户失望。
- 快感:消灭拖延症以后,精神上也会变得愉悦起来。
- 期待感:通过提前安排来提升工作质量,成为一个能拿到大额订单的销售人员。

③设定替代方案
- 对于中途插进来的工作,暂且只花5分钟去处理。
- 大型的工作先分解成一个个小部分。

路线图

- 禁欲期(第1天—第7天)

①给自己创造一个杜绝诱惑的环境
- 早上首先在最棘手的工作上花15分钟去处理。

②让自己的行动可视化
- 列出消除拖延症的具体行动。同时,将当时自己是怎样的情绪,花了怎样的心思去解决这些问题也写到电子表格中去。

③给自己设定一个破罐破摔的上限
- 无论是什么时候,都要坚持在拖延的工作上花5分钟去处理。

- 动力缺乏期(第8天—第21天)

①给自己设定一个必胜模式
- 早上上班路上看一看自己的必做清单,思考解决拖延症的对策。
- 一早开始在最重要的工作上花90分钟去处理。

②设定例外规则
- 不得不拖延的时候,考虑一下究竟什么时候能结束这种状况。

③提升动力
- 彻底执行策略:将拖延中的工作细致分解,然后制作成指导手册。
- 计时器效果:从最小一步开始着手时,通过计时器来限定时间。

- 倦怠期(第22天—第30天)

①给自己注入刺激
- 将例行工作制作成一份分解清单,然后做成指导手册。

②制定接下来的计划
- 减少上网以及玩手机的时间。

关于拖延症的Q&A

Q：细化分解能够适用于任何工作吗？

A： 特别是那些需要花费30分钟以上去解决的工作，分解成一小步一小步以后，就会意想不到地让自己轻松起来，并且更容易上手。像每日报告这些原本10分钟就可以解决的工作，通过细化分解以后会更容易上手处理。

Q：从顺序上来说，是不是先细化分解以后，再分步骤实施呢？

A： 不是的，并不一定要按照这种顺序。大概有以下三种模式。

①复杂的工作，只要细化分解以后就会变得轻松，也更容易进展下去。

②步骤很简单但是很麻烦的工作，就要设定一个个小步骤，然后一点一点推进工作，这是一种有效的方法。

③初次着手的工作，因无法判断它的整体情况而害怕失败时，建议大家先细化分解，然后再分步去开始工作。

Q：对于细化分解这件事情，我感觉特别不擅长，让人郁

闷……

A：这也很有可能成为你拖延的工作哦。首先把这项工作以分步的形式试着做做看。细化分解是一项技巧，渐渐地就会变得越来越擅长。不要抱有完美主义的想法，而是要以马上就能够开始的思维模式来努力面对。

还有一个建议就是首先不要细化分解，姑且先从分步开始着手。没有必要把所有的工作都细化分解。对于那些自身非常了解的工作，首先开始行动起来才能推进工作。

将细化分解和分步分开来做，或者把两者结合起来做，就能消除80%以上的拖延事项。

事例2　网瘾和手机控——提高行动的难度，一点点远离

小B戒不了他的网瘾。

在公司上班的时候，也会利用工作间隙去浏览自己喜欢的新闻网站，结果工作的集中注意力就下降了，重新开始进入工作状态时需要花费很多的精力去调整。

还有，上班路上，午餐时间或是在家的时候，他永远手机不离身，总是流连于社交网络、邮件、游戏应用软件等。到了深夜，甚至是边吃零食，边用电脑浏览网页，就寝的时候往往都已经是深夜两点了，这也成了他熬夜的原因。

他很想戒掉网瘾和看手机的习惯，可是该怎么做呢？

针对网瘾和手机控的对策

现如今，可以说日本有50万初高中生都患有手机依赖症。

有很多人如果不时时刻刻抓着手机的话，就会感到非常不安。在地铁上也可以看到很多人总是一个劲儿地在看手机。

网瘾也是同一回事。以现在是休息时间为借口，一旦打开网页以后，便不断地被那些自己感兴趣的网页所吸引，结果时间很快就过去了。

如果只是稍稍打发一下无聊的时间倒也无可厚非，可是从中长期来看，相信很多人都想把时间花在读书或是睡觉这些更有生产性的事情上，而不是网络或者游戏这些没有产出的事情上吧。虽然完完全全戒掉网络和手机是不可能的，但是也可以去控制使用它的时间。

这里向大家介绍三个对策。

对策1　找到可以让自己沉浸在其中的替代性爱好

上网可以了解新的信息，获取新鲜的刺激，在社交网络上可以获得与人沟通的心灵上的愉悦。无视这些愉悦感，一个劲地去戒掉这些习惯是很没有人性的。

这时候就要通过替代性的活动来满足这种心灵上的愉

悦，可以做一些中长期来看十分有意义的事情。例如，阅读小说、杂志，欣赏电影，通过共进午餐或晚餐来加深与朋友的友谊。

这里希望大家重视一点，那就是可以为之着迷的事情。如果替代性活动失去了网络或是手机带给人的那种刺激感和愉悦感，那它是无法持续下去的。

对策2　限制时间和时机

对于那种愉快得难以停下来的，难以戒掉的依赖性活动，采取一定的刹车措施是非常重要的。给自己设定一个停止的时间或是时机，然后来遵守这个规则吧。

例如，如果不在社交媒体上回复朋友的留言会导致关系恶化的话，就给自己立下早中晚各个不同的时间段里，什么时候回复多少留言的规则。每次花10分钟，用计时器来计时，在限定的时间内回复留言也是一个方法。

如果没有限制，就会让自己沉迷于刺激与快感之中而无法自拔。

一次虽然只有10分钟，但是一天就有30分钟可以用来回复留言了。

如果把这30分钟用于读书，就能确保一个月有15个小时可以用来阅读。这样算下来，普通人一个月就能读完3~4

本书，一年可以读到50本书。

对策3　给自己设定一个不容易上瘾的环境

如果想戒掉玩手机游戏的毛病，那么就应该卸载掉游戏软件。这样就可以强制性地让自己远离游戏。

如果是社交软件的话，每次结束以后就要下线。还可以增加密码的长度，这样每次输入密码时就会变得很麻烦，但却是很有效的方法。顺带说一句，我每次浏览完社交媒体后都会下线。这样一来，就算有了空闲的时间，也会因为输入密码太麻烦而放弃登录，转而去做其他的事情。

戒掉网瘾和手机控的实践案例（1个月）

小B在禁欲期的时候，给自己限定了玩手机的时间，除此以外的时间绝不去碰手机。还有，基本上都会把手机放在包的最里面，而不是放在手边。把玩游戏想成是浪费时间的行为，然后删除了游戏软件。

在路上的时候禁止自己玩手机，并开始阅读朋友推荐给自己的推理小说。由于他平时不怎么看书，所以拜托朋友介绍了一本比较有趣的书，结果完全沉迷其中了。以前在路上的时候，他只是一个劲儿地玩手机，但是现在这部分时间完全变成读书时间了。

社交软件是朋友间维系情感的纽带，所以也是必要的。但是他只会在早上和晚上各花15分钟的时间来联络朋友。这样一来他就不会毫无节制地刷着手机让时间白白流逝。

现在他会在记事本上记录玩手机和读书的时间。这样客观地从数字出发，就能看到自己到底在手机上花了多少时间。

到了动力缺乏期，他会通过禁欲期的数据来设定必胜模式。在这个阶段，他意识到比起早上和晚上，中午和晚上各15分钟是在社交软件上回复留言的最佳时机。除此以外的时间，如果必须要通过社交软件来回复消息的话，他不是通过手机，而是借助电脑来回复。这样一来，就会减少接触手机的时间。

使用手机的时候，他会用自带的计时器来给自己设定15分钟，让自己在这段时间内完成必要的事项。这种方式可以让他集中注意力，而且小B还意外地发现这让他感觉更为享受。

还有，由于小B减少了玩手机的时间，回复留言的量也随之减少了，而这曾经一度成为他的压力。他意识到如

戒掉网瘾和手机控的实践案例 总结

习惯性行动

将每天上网以及使用手机的时间减少至一天30分钟以内。

做好战胜欲望的准备

①提升心理承受力
- 保证每天7小时的睡眠时间。
- 每天花5分钟收拾。

②给自己设定必须戒掉网瘾的理由
- 危机感：由于来自社交媒体的压力以及睡眠不足导致身体损伤。
- 快感：把自己从浪费时间的罪恶感中解放出来。
- 期待感：通过阅读、学习英语等自我完善的方式来成为理想中的自己。

③设定替代方案
- 阅读朋友推荐的推理小说。
- 和女朋友之间的联络从LINE改为电话。

路线图

- **禁欲期（第1天—第7天）**
  ①给自己创造一个杜绝诱惑的环境
  - 不要把手机放进口袋而是装进包的深处，社交媒体每次使用完后都要退出。
  - 游戏软件基本上都要卸载。

  ②让自己的行动可视化
  - 把使用手机的时间记录在笔记本上。

  ③给自己设定一个破罐破摔的上限
  - 一不小心手机使用过度时要确保在30分钟以内结束。

- **动力缺乏期（第8天—第21天）**
  ①给自己设定一个必胜模式
  - 每天分别在早上和晚上各花15分钟用于各类社交媒体。
  - 卸载手机游戏软件，彻底戒掉游戏。

  ②设定例外规则
  - 必须立刻在社交媒体上做出回应的时候，通过电脑来回复。
  - 用手机来回复时，确保在15分钟内回复完毕。

  ③提升动力
  - 通过习惯培养来完成自己的梦想：把上网或者玩游戏的时间用在学习英语上，一年后取得托福600分，三年后取得托福800分的成绩。
  - 计时器效果：给自己设定15分钟使用手机的时间，在这15分钟内尽情享受手机带来的快乐。

- **倦怠期（第22天—第30天）**
  ①给自己注入刺激
  - 在路上的时候，将看小说改为练习英语听力。

  ②制定接下来的计划
  - 戒掉乱花钱的毛病。

果自己减少了使用手机的时间,对方的留言数量也会随之减少。

经过禁欲期、动力缺乏期的三周,他读了三本书。虽然基本上都是在阅读小说,这也让他萌生了阅读一些商务类书籍的想法。

到了倦怠期,由于近来企业对英语水平的要求越来越高,于是他决定读书之外每周学习两次英语。虽然只是听力练习,这也让他感觉自己有了进步。尤其是在困得不想看书的时候,这种感觉最为强烈。

如此一来,他正在逐渐地远离手机,到了休息日,他试着把手机放在家里,然后外出一整天,发现并没有什么大问题。

最后回过头来看看,虽然刚开始的时候有些不适,但是一旦离开以后,他就对自己过去居然如此沉迷其中感到不可思议。

关于网瘾和手机控问题的Q&A

Q: 如果限制了花在社交网络上的时间,我担心会跟朋友疏远……

A: 建议大家在现实的空间里多多与朋友沟通交流。转变虚拟空间和现实空间的时间比重是非常重要的。

还有，读者朋友们也可以考虑一下，现在通过社交媒体产生的沟通量对于维持关系是否真的有必要？如果毫无节制地沉迷其中，就会感到花了太多时间在这上面了。

想一想周围有没有既可以保持良好的朋友关系，但又不至于过分依赖社交媒体，甚至基本上不用社交媒体的人，找出三个人来看看他们都是怎样和朋友沟通交流的。

无论是怎样一种情况，虽然限制了次数，但是其目的并不是要使其降为零，请根据自身实际来决定频率和时间。

Q：实在是忍不住了，不知不觉就开始上网或是看手机，这时候该怎么办呢？

A： 刚开始想必都会出现一些不适的症状吧。肯定会有非常想看的时候，这是很正常的反应。总之在度过了最初的一周以后，欲望就会逐渐变小。不要总是手机不离手，把它放进包的最里面，与它稍稍拉开一点距离。

还有，你寻找的替代性方案具有多大的吸引力是非常关键的因素。只有那种让自己沉迷于其中的推理小说才能够转移注意力。要改变"无聊就玩手机"的模式是需要一定的转换时间的。

Q：对习惯培养进行咨询的客户中有没有采用其他方法的？

A：作为受挫疗法，也有人从使用智能手机转变为使用"多功能手机"[①]。虽然不必像那样借助暴力治疗手段，但是需要把手机放在家里再出门。工作上有问题的情况除外，到了休息日要下意识地把手机放在家里然后外出。这样一来，就可以了解自己对手机的依赖程度有多深。尝试两三次以后，就会发现其实并没有发生多么严重的事情，也可以在心理上减轻对手机的依赖程度。

---

① 指日本的传统翻盖手机，使用独立于智能手机之外的技术，由日本自主进行功能研发的手机。——编者注

事例3　乱花钱——揪出隐形的"犯人"

小C身上一分钱的存款都没有。每个月到手的工资是22万日元（折合人民币约1.3万元），虽然跟父母住在一起，但看看她的信用卡账单大部分都是衣服、交际、化妆品之类的支出，除去伙食费以后生活十分拮据。

小C想为自己存一笔钱用来结婚。还有，如果不会理财的话婚后也会有所困扰，所以她想戒掉乱花钱的毛病，可是却总也戒不掉。要怎样才能戒掉乱花钱的坏习惯并且存下钱呢？

针对乱花钱的习惯的对策

想戒掉乱花钱的坏习惯，想存钱，

这是很多人身上都存在的课题。

从定期举办以乱花钱为主题的习惯培养咨询讲座的经验来看，我可以给大家介绍以下五大要点。

对策1　明确目的

很多人都有着能节约就节约的想法。节俭、朴素是日本人的一种美德，如果不保持节约的话就可能会在内心产生一种罪恶感。

但是，为什么要节约，是否有节约的必要，这些问题请大家再重新问一问自己。

我认为对钱的态度应当是以有效利用为前提的。

也就是说，是现在用，还是将来用，其差异也仅仅在此。存钱充其量也是为了将来做准备。如果比起将来用钱现在使用来得更有效的话，就应该放开了去花钱。

特别是对于年轻的商务人士来说，一个劲儿存钱的话反而会失去自我投资的机会，降低人生的资本，而且还会失去享受那些只有在年轻时才能体验的娱乐或是运动项目的机会。正因为如此，只有通过智慧的花钱方式才能更接近自己原本的梦想。

很多人想戒掉乱花钱的毛病是为了让将来的自己更加安心，更有效地使用金钱。如果真的想存钱，建议大家考虑一下存款金额以及这一金额的必要性。因为面向未来存钱就会失去现在使用的机会，即便是这样也可以吗？请好好想一想这一行为的平衡性。

如果想更有效地利用金钱，建议大家考虑一下节约下来的剩余的钱应该花在哪里，要储蓄多少钱。如果没有一个明确的目的或者目标，抱着"反正节约一点是一点"的这种想法是很难持续下去的。

还有，考虑一下目的再回顾一下现状，有可能会得出没有节约的必要性的结论。因为有钱才能品味生活的丰富、充实和幸福。这也不失为一种合理的判断。

对策2　结束全方位的节约

一旦开始节约，很多人就会决定要节约多少伙食费和服装费。但是，如果生活失去了它的丰富性和多样化，那就是本末倒置。最糟糕的情况是会引发逆反心理，导致冲动地购买一些昂贵的东西。

这一对策的要点就是选择与集中。乱花钱的"犯人"一定会对某方面有特别的偏好。比如交际、半夜回家的打车费、服装费、网上的冲动购物等经常会进入乱花钱排行榜的前三位。

如果情况确实如此，那么就把目光集中在这三个方面，想一想可以抑制自己乱花钱的对策吧。其他的小"犯人"就让他们溜走吧，这样可以让自己避免那些无用的压力。

对策3 做好记录把握现状

我之所以写成做记录而不是记账，是因为很多人一看到这两个字就会变得很沉重。重点在于，消费行为跟吃饭一样，有很多都是无意识的、凭感觉的东西，如果不通过数字来把握现状的话就很难控制它。如果不作出正确的诊断，也就想不出合适的对策。

首先，在纸上或者电子表格上把必需的开支记录下来。刚开始的时候，把固定需要支出的东西写下来。例如房租、水电费、话费等。接下来，把那些变动性比较大的项目罗列出来。例如伙食费、交际费、服装费、其他购物费用等。然后从中选出花钱最多的三项，接下来只做这三项的记录。

虽说是做记录，也可以把所有票据收集起来，每周统计一次。使用手机上记录家庭收支的软件也是很有效的方法。

通过管理目标数据和现实数据，自己在乱花钱的感觉就会减少，存款也会慢慢多起来。

通常建议大家聚焦于影响力较大的项目，然后在这些方面节约。如果这样还是不够的话，在结束了刚刚提到的三大乱花钱的项目之后，可以再选取三个乱花钱的地方。总之就是要做到选择和集中。

对策4　设定可使用的预算

如果硬生生给自己创造一个无法花钱的环境，那么逆反心理就会起作用，节约行动就会停滞不前。

一旦设定了存款的金额，就可以从工资中先行扣除一部分。到了发工资的第二天先扣掉一部分，然后用剩下的钱来安排日常生活开销。

还有，可以开三个左右的账户，把工资分开来放。一个账户用于伙食费和房租，一个用来休闲娱乐，还有一个用来自我投资。把钱分成三份以后，就不需要进行麻烦的管理了。

在限制了放在钱包里的钱以后，因为有了上限也可以防止自己乱花钱。

请想想看适合自己的方法吧。

对策5　用一周的"等待列表"给自己降温

现如今是一个充满消费诱惑的时代，比如网络购物、电视购物、便利店、购物中心等。但是一旦被这些诱惑征服，钱就会越来越少。

因此建议大家避开那些一时冲动的消费行为。

例如5,000日元以上的东西要禁止自己即刻就买，先把它放在一周的"等待列表"上。如果过了一周还是觉得有购买的必要的话，那就可以毫不犹豫地去买。

这样一来就可以避免因为冲动造成的盲目消费。

戒掉乱花钱习惯的实践案例（1个月）

小C在禁欲期为了避免过度消费，把信用卡和借记卡放在家里，取而代之的是在钱包里放入1万日元再出门。在禁欲期时为了了解自己乱花钱的实际情况，虽然她没有过分节约，但也保持一天花钱不超过3,000日元的水平。记账的话用手机软件来完成。因为每次都要输入很麻烦，所以她会收好所有的票据，在下班回家的地铁上输入到手机里。这样一来她就可以把握之前不透明的钱财的去向。

小C有一个毛病就是会不自觉地冲动地购买很多喜欢的衣服和杂货。在这段时间内，她把5,000日元以上的商品放在等待列表里，如果具有合理性，那么她就会一周以后去购买。因为一时冲动而造成的盲目消费基本上都消失了。

在动力缺乏期，她根据前七天的经验，将自己每天的预算设定为2,000日元。但作为例外的规则，如果需要出去交际的话，她会把它当作额外预算来处理。例如，在和朋友喝酒或是同事之间聚餐的时候，她无法确定去哪家店，要保证一天的支出在2,000日元以内是不可能的。作为额外预算，她给自己设定了每月5万日元的额度，喝酒或是买东西就从这笔预算中解决。

她每天在下班回家的地铁上一边输入金额，一边自我反省。因为感觉每天都可以控制自己有节制地花钱，也很有成就感。

在倦怠期她买了一个储蓄罐，这样她就可以看到每个月的5万日元是自己用一个一个500日元的硬币积攒下来的。因为看到了实实在在的成果，所以这大大激发了她的动力。

最后的30天，通过记录现金的收支她明白了一件事情。那就是想积攒下5万日元，就要节约服装费和交际费。尤其服装费是她乱花钱的罪魁祸首。于是她翻出自己衣柜里的衣服，开始享受服装搭配的乐趣。这不仅可以让自己穿着时尚，还可以省钱。

除了5万日元的存款，她还多出了每个月去两次美容院的钱。这样一来她可以在让自己变美的道路上花更多的钱了，作为女性来说也增添了几分美感。

第三章 实践篇 通过十大事例学习习惯终结术

戒掉乱花钱习惯的实践案例 总结

习惯性行动

将每天的花费控制在2,000日元（折合人民币约120元）以内，每月存款5万日元（折合人民币约3,000元）。

做好战胜欲望的准备

① 提升心理承受力
- 避免过度疲劳（晚上7点之前下班）。
- 每天花15分钟扔掉自己不需要的东西。

② 给自己设定必须戒掉乱花钱习惯的理由
- 危机感：如果让男友觉得自己毫无理财意识，很可能两个人无法共同步入婚姻的殿堂。
- 快感：每个月去做两次美容，可以让自己变得更美。
- 期待感：提升自己的理财能力，婚后也可以更好地管理家庭收支。

③ 设定替代方案
- 不是通过买衣服，而是通过对现有服饰的搭配来提升自己的时尚品位。
- 不要沉迷于电视购物节目，而是看电视录像节目。

路线图

- 禁欲期（第1天—第7天）
  ① 给自己创造一个杜绝诱惑的环境
  - 把自己想要的东西放入等待列表，一周后再决定是否购买。
  - 把信用卡和借记卡放在家里。
  ② 让自己的行动可视化
  - 在手机的记账软件上简单地输入支出费用。
  ③ 给自己设定一个破罐破摔的上限
  - 不使用信用卡，坚持使用现金。
  - 钱包里不要放多于一万日元（折合人民币约600元）的现金。

- 动力缺乏期（第8天—第21天）
  ① 给自己设定一个必胜模式
  - 将每天的花费控制在2,000日元以内，每月存款5万日元。
  - 突然需要购物时，也要将支出控制在5万日元的预算内。
  ② 设定例外规则
  - 和朋友聚餐或是社交酒会的情况下，要将超支部分控制在额外预算的5万日元以内。
  ③ 提升动力
  - 通过习惯培养来完成自己的梦想：三年后，用180万日元（折合人民币约10.8万元）来享受一次豪华的新婚之旅。
  - 自我反省：每天花5分钟来确认今天花掉的钱，以及目前生活的宽裕程度。

- 倦怠期（第22天—第30天）
  ① 给自己注入刺激
  - 把节约下来的钱放到储蓄罐里。
  ② 制定接下来的计划
  - 改变毫无节制的生活状态。

关于乱花钱问题的Q&A

Q：突然特别想购物的时候，该如何是好？

A： 把自己想买的东西写在等待列表上，如果过了一周还是很想买，而且又有合理的理由，那就可以去买。

还有，无法用感觉判断的时候，就把金额和购买理由或者效果写下来。客观地思考一下性价比，就可以作出更加合理的判断。大多数的消费意愿都是感性的，这时候就得看你能作出多少理性判断了，这也是冲动消费以后不让自己后悔的秘诀所在。

Q：过分节约，导致生活过得紧巴巴的，感觉非常无趣。

A： 节约得让自己都疲倦了，或许是因为你节约过头了。牺牲眼前生活的富足而一个劲地去存款，真的是人生意义所在吗？

第一个对策是，稍稍增加一下每天的预算额。第二个方法就是只管理那些浪费最多的项目，其他就让它自由发展。建议大家不要把过多的精力放在那些细小的事情上。

Q：虽然尝试了几次记账，但是屡试屡败。

A： 如果要把账目记录得很完美，很多人都会觉得心累。

这时候就换一种记账方式吧。具体来说，就是从纸质的记账本转移到手机应用软件，先把所有票据都收集起来，到了月末的时候一次性记账。现在有很多可以轻松记账的笔记本或是手机软件，再去找找适合自己的小工具吧。

Q：虽然我也记账了，但是就是节约不下来。

A：记账本顶多也就是明确把握现状的一个数据库罢了。恐怕是你没有基于这个数据库花时间去想一套改善对策吧。看着账目本，哪个项目应该减少多少，为了减少支出应该做什么，这些都应该好好想想。一个月想一次也好，一定要给自己留出时间来思考对策。

事例4 生活毫无节制——通过理想化的日程表回归正常生活

小D的烦恼是每个周末都过得浑浑噩噩，毫无充实感。平日她每天早上六点起床，由于平时的劳累以及周五晚上熬夜，周六起床的时候大多已经是下午了。

接下来去超市买午饭，一边看电视一边吃便当，结果不一会儿宝贵的周六就只剩晚上了。于是就约上朋友出去喝酒。

休息日跟朋友一起喝酒非常愉快，结果是每次都会坐很久，回家的时候都已经是深夜两点了。回到家以后无法马上入睡，于是就开始看电视，最后睡着的时候都已经凌晨三点了。结果，周日起床时已经是下午一点。

一想到周一要做的工作，周日晚上就不能

熬得太晚。结果一天就变得十分短暂，浑浑噩噩地看看电视，上上网，周末就结束了。

她很想跳出现在的生活模式，让周末更加充实。这就是小D现在最迫切的愿望。

她要怎么做，才能远离这种毫无节制的生活呢？

解决生活毫无节制问题的对策

在我还是上班族的时候，度过周末的方式同小D差不多。为了消除平日的疲劳，周五晚上去喝酒然后熬夜，到了周六因为睡懒觉，起床的时候已经很晚了，无所事事地看看电视，也就不想出门了。

每个人都有自己喜欢的度过周末的方式。

但是无论哪一种，相信大家都想把时间利用得更加合理。

这里为大家介绍三种解决生活毫无节制问题的对策。

对策1 **明确周末想达到的目的**

首先，请明确你在周末想获得的成效。例如通过阅读获取知识，因为睡眠不足想休养生息，为了提高自己的感受力去看电影，和恋人在一起度过悠闲的时光，消除身体的疲劳与不适，想给自己一点发呆放空的时间，稍微活动一下身体，跟朋友聊天等等。

那么为了获得这些成效，请决定该做什么，不该做什么。哪怕是无所事事，也要有计划、有目的地度过周末的时光。

休息日的时候，虽然没有必要被时间追着跑，但还是应当避免因为惰性而一个劲地看电视和上网。

如果可以做一些满足自己需求的事情，那么休息日带给自己的充实感就会有飞跃式的提升。

对策2　重新审视周五晚上的夜生活

周五晚上为了散心去参加酒局或者熬夜，进而导致第二天睡到日上三竿，破坏了起床的节奏，最终也打乱了周六日的节奏。

到了周五晚上想要放松一下的心情是可以理解的，但是与其毫无节制地喝酒，一个劲地看电视，倒不如早点睡觉，到了周六日可以早点起床欢度周末时光。

对策3　制定周末的清晨路线图

如果想重新回归有规律的生活状态，应当好好想一想周末的上午该怎么过。要度过一个美好的周末，有一个良好的开端是其秘诀所在。我们可以称之为清晨路线图。比如我会保持跟平日一样的节奏，早上起来以后不是先打开电视机，而是先吃早餐，然后再花15分钟收拾。

到此为止几乎都是平日的例行公事。之后就看看电影，读读书，去外面走走。下意识地给自己留出一些无聊发呆的时间。不过，周末也要保持自身的主体性，为了控制好时间、情绪和行动，清晨的仪式感是非常重要的，只有这样才不会流于无所事事的状态之中。

详细可以参考第147页起的关于熬夜问题的对策，读完以后相信大家会更有印象。

戒掉生活毫无节制的习惯的实践案例（1个月）

小D在进入禁欲期以后，首先给自己制定了一个理想状态下的日程表。

通过这一举动，她意识到对于她来说瓶颈就在于周五晚上的酒局、周六的电视和网络。她开始试着禁止自己去做这些事。她很巧妙地拒绝了周五晚上的邀约，早早地结束工作以后就回家。

然后，为了促使自己早点睡觉她会做瑜伽，结果到晚上十一点就可以入睡了。

第二天周六七点起床，保持跟平日一样的节奏。打开收音机，吃完早餐以后花15分钟收拾，然后看看报纸。因为约了十点做美容，所以九点就会出门。因为早上起得早，她终于摆脱了一直以来的周末恶循环。

这天晚上虽然她也去和朋友喝酒了，但是下午五点就开始了，所以早早结束以后就回家了。

周日她也是七点起床。这一天她决定看一部电影，于是就去借了外国电影的DVD。

到了动力缺乏期，她把周五晚上的酒局改到了周四晚上，星期六的早上和星期天的早上都事先安排好。但是，她发现周日在家悠闲地度过一天也是一种很好的节奏，所以她更新了刚开始制定的那份理想中的日程表。

至此她回顾了过去的两个周末，与毫无节制地度过周末相比，她真切地感受到不论是精神上还是时间上都是非常充实的周末，也充满了动力。

在倦怠期跟之前安排的一样，为了避免度过周末的方式太过单一，她给自己想去玩的地方和玩法都增添了一些变化。她尝试了很多新事物，比如故意避开新宿而去横滨，不去购物中心而是逛寺庙。她重视自己在周末想获得的成效，因此度过了一段很充实的时间。

小D意识到自己会毫无节制地度过周末的瓶颈就在于周

第三章 实践篇 通过十大事例学习习惯终结术

戒掉生活毫无节制的习惯的实践案例 总结

习惯性行动
周末要让自己度过一段精神充实、理想的时光。

做好战胜欲望的准备

①提升心理承受力
- 花5分钟来收拾。
- 晚上七点下班。

②给自己设定必须不再无节制地生活的理由
- 危机感：周末再这般浑浑噩噩地下去，就交不到男朋友了。
- 快感：形成有规律的生活状态以后，就会减少对自己的厌恶感，周末会过得十分清爽愉快。
- 期待感：通过培养新的兴趣爱好来增加与人邂逅的机会，找到自己的另一半。

③设定替代方案
- 推掉周五晚上的酒会，通过练习瑜伽来让自己静心。

路线图

- 禁欲期（第1天—第7天）
①给自己创造一个杜绝诱惑的环境
- 早上起床后第一件事不是打开电视，而是打开收音机（为了让自己动起来）。
- 决定上午的行动方案以后就立即开始。
②让自己的行动可视化
- 这一天是如何度过的，在笔记本上把大致内容记录下来。
- 周五的时候给自己制定一份理想的周末日程表。
③给自己设定一个破罐破摔的上限
- 看电视或者上网时，用计时器来给自己计时。
- 犯困时就好好休息，给第二天的自己创造一个良好的开端。

- 动力缺乏期（第8天—第21天）
①给自己设定一个必胜模式
- 周五晚上不要给自己安排事情，晚上11点准时就寝。
②设定例外规则
- 身体状况欠佳时，以恢复身体状况为先。
③提升动力
- 彻底执行计划：周五的时候，制定一份让自己兴奋不已的周末日程表。

- 倦怠期（第22天—第30天）
①给自己注入刺激
- 去自己没去过的街区和场所游玩。
- 开始培养一个让自己兴奋的新爱好。
②制定接下来的计划
- 戒掉熬夜的毛病。

五的夜生活和周六的开端,接下来她也会密切关注这两个问题。

关于生活毫无节制问题的Q&A

Q:不想把周末的时间管理得太紧……

A:没有必要把时间管理得太紧张。像之前在对策的那部分说明过的一样,如果能获得自己想要的成果,那么周六日的充实感就会提升。

最需要避免的就是因为懒惰而通过看电视、上网来消磨时间,无法去做自己真正想做的事情。进一步说,如果完全不去考虑该做什么,想要获得怎样的效果,就会被坏习惯牵着鼻子走。一定要避免这样的情况。

首先想一想自己需要获得怎样的成效。这种效果应该是放松、刺激、与他人的联系,激动或者痛快。

周五的时候就应该从这几方面来考虑一下周末做什么。从中选出你只想在周末做的事情,然后完成那部分就可以了。

Q:如果就是想让自己放空该怎么做呢?

A:建议有意识地给自己留出一部分放空的时间。哪怕只是在床上滚来滚去也是很宝贵的休息时间。重点在于是不是真的下意识这么做。

如果我决定放空90分钟，就会给自己计时。这样一来，就可以把时间切割开，也可以毫无罪恶感地尽情享受这一段放空的时间。

Q：给自己安排的事情太多感到有点疲惫，该怎么办呢？

A： 这跟毫无节制的生活是一种完全相反的状态。既要去跟朋友聚会，又要去学习，夹在两者之间，周末的安排变得过于紧张，完全没有了空闲的时间。

其实这也是因为周末想获得的成效之一，即放松和想要独处的需求没有被满足。

正因为如此，明确自己的需求是非常重要的。如果安排得太满，就要考虑一下一旦身体状况不太好必须要缺席一些事情的时候，自己会选择哪一个？然后就要人为地去取消这个安排。

另外，从下周开始，首先请试着确保给自己留出放松或者一个人待着的时间。如果不给自己这样一段时间，就只是在被时间和安排追着跑。

每个人的生活方式不尽相同。要时刻关注自身的精神充实程度，保持日程表的最优化。

身体性习惯（3个月）

⑤熬夜
⑥吃得太多
⑦饮酒过量

所谓身体性习惯，就是可以在三个月之内戒掉的习惯，与行动性习惯相比，虽然是放弃坏习惯，更重要的是做好与欲望厮杀的准备。本小节给大家讲三种身体性习惯，让我们来看看具体案例。

事例5　熬夜——聚焦于就寝时间上

　　小E上班前总是把自己搞得匆匆忙忙。早上七点半起床的话，如果不在7:40的时候出门，上班就会迟到。起床以后马上洗脸，换衣服，妆也是随便化化，然后狂奔到最近的车站。根本没有时间吃早饭。

　　原因就在于她熬夜。每天晚上她都会熬到深夜两点，因为睡眠不足，皮肤的状态也不太好。

　　如果她能保证晚上十一点睡觉，早上六点起床，就可以不紧不慢地吃一顿早餐，化一个妆，无论是对健康还是对美容都是很有益的生活。但是，尽管下了很多次决心，已经成型的生活模式是很难改变的。

　　怎么做才能跳出这种熬夜的生活状态呢？

针对熬夜习惯的对策

想戒掉熬夜的习惯早点起床，虽然这是很多人的愿望，但是因为多次受挫而放弃的人也不在少数。而且，早起也是困难系数最高的习惯之一。

在我做习惯培养咨询的时候，有很多人的目标都是养成一种晨型生活方式。

早起之所以很难是由于工作节奏或者与人交往、突发事件等各种各样的生活习惯交错复合，导致起床时间被固定下来。

因此要养成早起的习惯，就必须看到生活的全貌。

这里给大家介绍五大对策来解决熬夜和难以早起的问题。

对策1 把目光集中在就寝时间而非起床时间

想要早起的人，总是会把目光聚焦在起床时间上。但是，从原因改变以后结果也会改变的原则出发来看，起床时间是结果，就寝时间就是原因。即使把起床时间设成六点，并以此为目标努力保持，只要不改变就寝时间（深夜两点），就会导致睡眠不足，总有一天会被睡魔吞噬而难以坚持下去。

不要削减睡眠时间，甚至刚开始的时候增加睡眠时间才是铁律。所以，建议大家反过来推算一下必须保证几点就寝。

对策2 制作理想的日程表

所谓理想的日程表，就是下一页的表格。

很多人看到这张表以后，会觉得这如同机器一般的生活太死板了。但是，制作这张日程表的目的是为了明确以下两个要点：要想保证就寝时间，必须要在几点前完成工作；必须要保持一种怎样的生活状态。事实上，很少有人能按照这张日程表来度过每一天。

无论如何，一旦决定了起床时间，在保证睡眠时间充足的情况下，就要决定几点睡觉。小E给自己设立了六点起床，睡眠时间为7小时，晚上十一点睡觉的规矩。决定了这些以后，其他项目也就固定下来了。为了给自己留出一个小时的放松时间，她会认真地慢跑或泡澡来做好健康管理和美容等，以此来充实自己的日程表。

这样一来就可以看到生活的全貌，一旦生活习惯被打乱，去思考该把什么怎样回归到正常状态也就变得容易很多。

制作理想日程表的秘诀就在于最后决定结束工作的时间。为什么呢？这是因为工作时间可以根据你下工夫的程

理想的日程表（例）

时间	行动
6:00	起床
6:30	早餐（400卡路里）
6:45	收拾15分钟
7:00	坐地铁上班
8:00	进入公司，着手做最重要的工作
9:00	会议等日常业务
12:00	午餐（800卡路里）
13:00	会议等日常业务
18:00	下班，坐地铁回家
19:00	晚餐（400卡路里）
20:00	慢跑
21:00	泡澡
22:00	放松时间
23:00	就寝

度来缩短。

对策3　抓住核心和瓶颈

接下来要考虑的事情就是在决定了几点就寝以后，为了实现这个目的必须要完成的核心任务是什么。这里称之为"中心瓶"。

想象一下保龄球。为了一击全中，不是将目标瞄准全部的十个瓶子，而是朝着中间的瓶子扔出保龄球。

早起和熬夜的对策也是一样的。当你的生活习惯开始混乱的时候，你需要把目光放在最重要的计划事项上。对于小E来说，因为下班时间晚了会推迟后续的安排，所以她的中心瓶就是晚上六点下班。重要的是必须要彻底地去思考如何遵守这个时间。

对于每个人来说，他的中心瓶都是不一样的。可能有些人是需要控制上网的时间。没有必要一切都按照计划来执行，但是在具有决定性的事项上一定要百分之百地掌握。

接下来就要明确为了把握住中心瓶可能会出现的一些障碍，在此将其称之为瓶颈。这些瓶颈包括很多，例如工作加班、和朋友聚会、周末的夜生活、上网和看电视等。

请考虑一下如何调整这些活动。针对每一项的措施，后续会再详细介绍。

对策4　制作不规则日程表

即使制定了一份理想的日程表，只有一种模式的话，是无法应对多种情况的。这时候就要预估一些偶尔可能会发生的事情，制定出两三种其他的模式。要点在于要固定就寝时间和起床时间。

当然，实际情况下肯定会有无法遵守所有计划的时候。但是，即使作息时间混乱了一两天，到了第三天的时候迅速回归正常，就不会打乱节奏。然而，如果持续了一周毫无节制的生活，那节奏一定会被打乱。

在规定的时间里无法入睡也是很正常的事情，我也会有这种情况。第二天依然要意识到这是一个核心的日程安排，再去努力遵守就可以了。

对策5 **满足回家以后的心理欲求**

回家之后到晚上就寝的这段时间该如何度过呢？可以看看电视、上上网。最重要的就是要满足自己的心理欲求。如果想让自己放松一下，也可以慢悠悠地泡澡、听古典音乐。

考虑一下自己的心理欲求和行动的内容，去多多尝试新鲜的事物吧。我也在不断地改变自己的生活模式。有时候规定自己五点起床，有时候又调整到六点，根据写稿子或者演讲之类的工作来调整生活的节奏。只有灵活地调整自己的生活节奏，才能真正养成属于自己的好习惯。

戒掉熬夜习惯的实践案例（3个月）

小E在禁欲期的三周内，给自己设定了一个目标：每天晚上十一点躺进被窝，保证比平时多的七小时的睡眠时间。为了养成这样一种生活模式，她需要戒掉熬夜的元凶——毫无节制地看电视的习惯。

因此，她回家以后没有马上打开电视，而是先去泡澡。花30分钟躺在浴缸里，让自己完全放松下来。还有，在电车上记录自己的就寝时间和起床时间。

禁欲期的三周内，她能做到十一点睡觉的成功率为50%。一旦工作忙起来或者和朋友聚会的话，回到家已经很晚了，也就无法做到十一点就寝。

到了动力缺乏期，她开始分析反弹期的记录，对于她来说症结就在于下班时间。于是，她给自己制定了一个必胜模式，规定在晚上七点下班。为了在七点前完成工作，早上在地铁上的时候，她会拿出15分钟做计划，高效率地完成工作以保证在七点前下班。她会在上午处理一天之中最重要的工作，下午处理上司交给她的突发性业务，最后她能保证在七点前下班的概率超过了70%。小E意识到一旦给自己设定限制，工作效率也就提高了。

由于小E已经结婚了，所以也会受到丈夫和孩子的生活节奏的影响。于是她跟丈夫商量,全家人一起戒掉熬夜的坏习惯,然后每天早上都可以不紧不慢地共进早餐。因为全家一起行动,所以她的动力就更大了。

此外她也向上司和同事发出宣言:每天早上八点上班,晚上七点下班。

在平稳期,通过一些小地方的改善(提高效率,减少时间的浪费),每天晚上七点下班,十一点就寝的实际达成率提高到了90%。

在倦怠期,她改变了生活方式,睡前做一下运动,和家人一起在清晨沐浴着阳光散步,然后再去上班。在凉爽的清晨沐浴着朝阳,让她的幸福感大大提升了。

通过这些方法,小E克服了熬夜的坏习惯。

关于熬夜问题的Q&A

Q:如果碰到不好推辞的聚会或是工作繁忙的时候该怎么办?

A:那些为了联络感情的聚会,甄别取舍之后再参加吧。顺带说一句,我做活动发起人时,会让聚会早点开始然后早点结束,或者事先说明自己第二天的安排,这样就不会磨磨蹭蹭地拖到很晚才结束。首先给自己立个规

第三章　实践篇　通过十大事例学习习惯终结术

戒掉熬夜习惯的实践案例　总结

习惯性行动
平日要保证7小时的睡眠时间，早上八点上班。

做好战胜欲望的准备
①提升心理承受力
 - 每天睡7小时。
 - 按时按量吃饭。
②给自己设定必须戒掉熬夜习惯的理由
 - 危机感：睡眠不足，再加上长时间加班，渐渐地就会损害身体。
 - 快感：早上早点出门的话，就可以避开最讨厌的拥挤的地铁，还可以在车厢里读小说。
 - 期待感：睡眠时间多一点，不仅能美容，而且也能提升工作效率。将来还能成为年轻员工心目中向往的那个工作能干、精神饱满的职业女性。
③设定替代方案
 - 不要通过看电视消磨时间，而要多多享受小说和音乐带来的乐趣。
 - 在晚风中散步（不仅可以消除压力、还可以通过适度的疲劳来促进睡眠）。

路线图
- **禁欲期（第1周—第3周）**
 ①给自己创造一个杜绝诱惑的环境
  - 回到家以后，马上去悠闲地泡一个澡。
  - 不要打开电视机（拔掉插头）。
 ②让自己的行动可视化
  - 第二天早上在上班路上，将就寝时间和起床时间输入到手机中。
 ③给自己设定一个破罐破摔的上限
  - 看电视或者上网时，给自己限制时间。
  - 即使不困，到了就寝时间也要躺进被窝里。
- **动力缺乏期（第4周—第7周）**
 ①给自己设定一个必胜模式
  - 晚上七点下班，九点泡澡，从十点开始放松自己，十一点准备就寝。
  - 提高工作效率，必须要确保自己可以在晚上7点下班。
 ②设定例外规则
  - 忙碌期：要优先保证自己7小时的睡眠时间。制定一份忙碌时期的日程表。
  - 周末可以允许自己晚两小时睡觉。把起床时间定在早上六点。
 ③提升动力
  - 家庭作战：全家人一起戒掉熬夜的坏习惯，形成早睡早起的生活模式。
  - 向身边人宣誓：告诉上司和同事，接下来自己每天八点上班。
- **安定期（第8周—第10周）**
 ①认真回顾结果
  - 跟八周前自己的身体状况和工作效率进行比较。
  - 分析一下自己熬夜的那几天和能遵守时间的那几天有什么不同，再制定新的对策。
 ②彻底执行
  - 在新的必胜模式的助力下实现90%以上的达成率。
- **倦怠期（第11周—第13周）**
 ①给自己注入刺激
  - 引入新的放松方法（比如体操、散步等）。
 ②制定接下来的计划
  - 戒掉吃得太多的毛病。

矩吧。

工作忙碌的时候也是提高工作效率的机会。如何在保持工作时间不变的情况下提高工作效率呢？尽量不要改变自己的下班时间，尽力想出一个度过忙碌期的对策。但是，即便是在无法做到的情况下，也要制定一个针对忙碌期的理想日程，避免一切像多米诺骨牌一样陷入全盘混乱的生活。

Q：周末跟家人外出很晚才回来，导致周一睡眠不足。

A：周末肯定要跟家人相处，一定程度上的熬夜也是可以理解的。如果把戒掉熬夜的习惯当作是首要目的而破坏了家庭关系，那就是本末倒置了。因此，周末的时候可以设想一份不同于以往的日程表。

还有，如果能确保周日晚上的就寝时间不变，想要回复到平日的生活节奏也不是一件难事。这时候周日晚上几点睡觉就成了关键。

Q：无法保证就寝时间时，是否可以顺延起床时间？还是只要保证起床时间不变就可以了？

A：这有两种模式。首先，如果已经度过了禁欲期，那么就请遵守起床时间。因为度过禁欲期以后就容易用理性来控制自己了。相反，如果还处于禁欲期，就要重视睡眠时间。这一时期还是容易受诱惑影响的阶段，绝不能纵容自己。但是就像之前说过的，关键在于不要连续三天都不遵守就寝时间。

事例6　吃得太多——通过可视化来形成自身的管理意识

小F在半年内体重就增加了5公斤。他明显地意识到是自己吃太多了。

由于他早上不吃早餐，所以午饭的时候就会给自己点一份猪排饭套餐或者炸虾套餐，而且都是要大份的，每次都吃得狼吞虎咽。结果经常在吃完后强烈的睡意就会袭来，工作效率严重下降。甚至明明晚上六点已经吃过晚饭了，加完班回到家已经是深夜一点，这时候肚子又饿了，就在便利店买了便当和薯片。因为完全没有运动的时间，体重噌噌地往上涨，体检的时候他的肝指数也变得异常的高。

由于他父亲有糖尿病，所以受到遗传因素的影响他也必须控制卡路里的摄入。最要命的是，大腹便便的样子让小F觉得特别难为情。

要怎样做才能摆脱吃太多的生活习惯呢？

针对吃得太多的对策

要戒掉吃太多的坏习惯，首先就要了解它的成因。主要原因大致有压力、熬夜导致的饮食不规律或者暴饮暴食。

在这里给大家介绍六个防止吃得过多的对策。

对策1　把压力排解法转移到其他事物上

很多人都会无意识地把吃东西作为排解压力的手段。因为吃到好吃的东西就会让自己感觉到幸福，以此达到排解压力的效果。但是，由于压力过大导致过度饮食也是一个问题。要解决这个问题，就要寻找一些替代方案。例如摄入零卡路里的食物、做瑜伽、散步等。

还有，建议大家保证充足的睡眠。睡眠本身就是排解压力的一个好方法，而且也可以控制自我，蓄积精神能量。

对策2　使用记录的魔法

刚开始虽然比较麻烦，但是一旦引入自我控制的机制，记录下饮食内容或者卡路里摄入量，就会有意想不到的效果。不要任由欲望驱使自己无意识地吃很多东西，给自己设定一个卡路里摄入量的限定值，然后记录下来，也就是可视化，就可以抑制自己一个劲地吃东西。

试着做一做就会明白：仅仅是记录本身就会让自己涌出自我控制的意识。写在笔记本上或手机软件上都是很好的方法。

对策3　从大问题开始着手

不要局限于日常卡路里的摄入量，而要将重点放在聚餐、吃零食等这些关键问题的解决上。

跟乱花钱一样，要做到选择与集中。尤其是不断参加聚会的话，会受到酒精的影响，意志力会变得薄弱，很容易暴饮暴食。

本书的编辑为了迎合本册书的主题，用一个月的时间坚持在聚会时喝乌龙茶。结果，以前每次聚会完再去吃拉面的这一重大问题也得以解决。

还有一位参加了我的研讨会的听众决定戒掉吃零食的坏习惯。他决定不去便利店闲逛，也戒掉了囤积小零食的习惯。感到肚子饿的时候，取而代之的是喝一杯低卡路里的酸奶，或者通过嚼口香糖来增加自己的饱腹感。

对策4　即使讨厌也要面对现实

开始做记录以后，暴饮暴食的那几天就会不想去计算卡路里，也不想上体重计去称体重。但是，这样的日子恰恰是一个机会。为什么这么说？这是因为自我厌恶感能转化成第二天限制饮食的动力。正因为如此，请务必站到体重计上，并持续记录数据。有些人为了提高自己的动力，甚至一天称三次体重。

对策5　不要过分关注体重

之前也说过，习惯培养和目标达成是两回事。如果只把减轻7公斤体重作为自己的目标来努力的话，一旦目标达成，瞬间就会失去干劲。要想防止反弹最好的方法还是养成一个好习惯。这个好习惯就是控制日常卡路里的摄入量。这一旦成为身体节奏的一部分，体重自然而然会下降，也不会发生反弹。

当然给自己定一个目标体重也不是一件坏事，但是最好将自身的动机和核心的理由结合起来作为自己的动力来源。

对策6　为暴饮暴食设一个限度

一旦开始吃过头就很难刹车了，估计很多人都有过这样的体验。这时候就要给自己设定一个限度。

虽然在接下来的实践案例中也会详细介绍，但是关键的一点就是哪怕是破罐破摔也要给自己设定一个上限。例如无论吃得多么多，最后的甜品一定要忍住，还有吃得过多的那部分要用一周的时间来平衡等。

戒掉吃得太多的习惯的实践案例（3个月）

小F在禁欲期的时候，给自己设定的每天摄入卡路里的上限为2,200卡，然后把数据记录在手机的减肥软件上。因为是手机，所以每天都可以看到，记录起来很方便。

以前每次下班回来他都会吃很多夜宵。但是手机软件会显示剩余可摄入的卡路里量，他自然而然地就会把手伸向那些沙拉或者低卡路里的食物。每次控制住自己不去吃那些高热量的食物的时候，他就产生了一种自信，觉得自己可以跟那个毫无节制的自己告别了。

另外他思考了一下几个导致自己暴饮暴食的原因。比如聚会的时候不知不觉就会吃很多，肚子饿的时候就会走进便利店，甚至会买一些宵夜或者甜点。

于是在禁欲期他极力控制自己不去参加聚会。实在是难以推辞的聚会的话，他会坚持不喝酒，只喝乌龙茶或者无醇啤酒。因为一旦喝了啤酒，意志就会薄弱起来，脑海中会出现"今天就姑且吃了吧"的念头而来不及制止自己。

无论是怎样暴饮暴食的日子，他一定会称量体重，并且坚持做记录。这份罪恶感会转换为他的动力，第二天就可以控制自己的饮食了。

进入动力缺乏期以后，他决定给自己提高难度，每天的卡路里摄入量控制在1,800卡以内。这也是他真心想遵守的一条底线。为了取得胜利，他规定了自己早中晚的卡路里摄入量。根据禁欲期的数据，他做出了如下设定：早餐500卡，午餐800卡，晚餐500卡。当然并不是每天都能遵守这些规定，但是一旦有了大致的目标，饮食的节奏也就固定下来了。还有，由于中午的时候容易暴饮暴食，所以他会先吃蔬菜沙拉。

小F因为一个人住而且工作又忙，早餐和晚餐都是靠冷冻食品或便利店来解决。为了让自己的餐桌变得丰富一些，周末他会去超市调查各种食物的卡路里，然后给自己做一个两周份的菜单。这样不仅控制住了卡路里的摄入量，还增添了一日三餐的多样性和早晚的享受。

到了平稳期，他开始回顾过去七周的数据，计算了一下遵守了每日卡路里摄入量不超过1,800卡的日子和没能遵守的日子，他发现因为工作繁忙而无法午餐或者周末跟女朋友约会的时候，卡路里的摄入量往往就会超标。所以接下来当他没空吃午饭的时候，为了增加自己的饱腹感他会在包里事先备好能量棒。在要跟女朋友一起吃晚饭的时候，他会控制一下自己的早餐和午餐，约会的时候即使超过了一定的标准，他也不会过分责怪自己。但是，他还是给自己设定了一个2,500卡的上限，无论如何都不能超过这个数值。

到了倦怠期，为了给自己的生活增添一些新鲜感，他把一直以来单一的早餐主角面包换成了玉米片，还可以吃一个零卡路里的甜点。

如此一来，他做到卡路里摄入量不超过1,800卡的概率为90%，三个月体重就减轻了8公斤。

最后，小F又回归到了自己学生时代的体重。

关于吃得太多的问题的Q&A

Q：记录太麻烦了，有没有可以轻松记录的方法呢？

A： 首先，即使是大致记录一下也没关系，重要的是要坚持

第三章 实践篇 通过十大事例学习习惯终结术

戒掉吃得太多的习惯的实践案例 总结

习惯性行动

保证每天的卡路里摄入量控制在1,800卡以内。

做好战胜欲望的准备

①提升心理承受力
- 每天睡7小时。
- 运动（慢走）。　　　※首先让运动成为自己的一个习惯

②给自己设定必须戒掉吃得太多的习惯的理由
- 危机感：再这样持续下去，很容易患上糖尿病。
- 快感：体重减轻8公斤的话，外形也会变得清爽起来。
- 期待感：瘦下去以后，再接着锻炼出腹肌，可以让自己变得更加自信。

③设定替代方案
- 当饥饿感快达到顶点时，可以吃一些低卡路里的酸奶。
- 为了感受一下酒足饭饱的感觉，可以先吃一些蔬菜。

路线图

- 禁欲期（第1周—第3周）

①给自己创造一个杜绝诱惑的环境
- 感到饥饿时，不要去超市或者便利店，而是事先买好。
- 在禁欲期间，尽量避免参加酒会。即使去了酒会，也只能喝乌龙茶来使自己保持清醒。

②让自己的行动可视化
- 每天在手机软件上记录自己摄取的卡路里数值以及体重。

③给自己设定一个破罐破摔的上限
- 禁欲期间，最糟糕的情形也只能允许自己摄入2,200卡路里的热量。
- 即使是吃得过多的那几天，也一定要记录下摄入的卡路里数，并且坚持称体重。

- 动力缺乏期（第4周—第7周）

①给自己设定一个必胜模式
- 每天保证自己的热量摄入控制在1,800卡以内（早上500卡，中午800卡，晚上500卡）。
- 早上七点，中午十二点，晚上六点要按时吃饭。吃饭时，首先要吃蔬菜。

②设定例外规则
- 酒会：绝不能超过2,500卡路里的上限，坚持不饮酒。
- 有压力的时候：即使热量摄入过多时，也要坚持记录卡路里和体重。

③提升动力
- 习惯养成后的梦想：锻炼出完美的肌肉线条。
- 彻底执行：为了不让自己每天为了吃什么而发愁，事先给自己制定一份两周的菜单。

- 安定期（第8周—第10周）

①认真回顾结果
- 通过表格来比较体重和摄入卡路里数的变化。
- 分析一下吃太多的那几天和能遵守热量摄入的那几天有什么不同，再制定新的对策。

②彻底执行
- 确保每天的热量摄入在1,800卡以内的达成率为90%以上。

- 倦怠期（第11周—第13周）

①给自己注入刺激
- 早餐将面包改为谷物麦片。
- 每天吃一份自己喜欢的食物。

②制定接下来的计划
- 减少晚上的饮酒量。

165

每天记录。因为很多手机软件都有提醒记录的功能，所以非常方便。只要养成了做记录的习惯，通过这个方法就可以瘦下来，想到这就要一步一步地努力坚持下去。先粗略地做一周的记录试试看。

Q： 很多时候都不知道具体的卡路里数值，计算起来并不简单。

A： 可以参考一下市面上出售的卡路里指导书，然后试着计算一下。两周后即使不看书大部分食品的卡路里数值也能了然于心。还有一个方法就是只买那些标示卡路里数值的食物。

还有一些单身人士会把自己的早餐和晚餐分成五种样式，然后循环组合。这样一来记录也会变得简单很多。

Q： 晚上加班到很晚的话，回家时肚子饿了又开始在大半夜吃东西。

A： 熬夜是导致恶性循环的原因，会造成早起困难，睡眠时间不足。白天犯困导致工作难以推进，结果下班回家已经很晚了，在有压力的情况下就会过度进食。要停止这样的恶性循环，首先就要戒掉熬夜的习惯。

事例7 饮酒过量——根据喜欢聚会还是喜欢喝酒来改变对策

小G每天都会有轻微的宿醉,脑袋总是晕乎乎的。这是因为他每天晚上都会喝三罐啤酒和一杯烧酒后再睡觉。

还有,每周他都会跟公司的同事喝三次酒,在当天第三场聚会的时候还会吃一碗猪骨拉面,结果体重不断上涨。

等他喝完酒回到家以后,上网的时间也延长了,结果导致睡眠不足,第二天又伴随着宿醉,上午半天的工作效率变得非常低。

虽然他很想告别这种恶性循环,但是要放弃他最喜爱的晚上饮酒和聚会简直比登天还难。

要怎样做才能少喝点呢?

针对饮酒过量的习惯的对策

酒会剥夺人的控制力和理性。饮酒会成为很多行为的导火索，例如喝酒以后会放弃戒烟，开始暴饮暴食，聚会回来的路上去吃拉面，回家晚了以后还会上网等等。要想结束这种恶性循环，就要巧妙地管理好熬夜和饮酒过量的问题。

喝酒的人有以下几种类型，根据类型不同，对策也不一样。

对策1 喜欢聚会时的欢快气氛的人

对于这种类型的人来说，只要气氛热闹起来就可以，那么头两杯可以喝生啤，接下来就用乌龙茶、无醇啤酒来代替。或者完全不喝酒，仅仅是陶醉于这一氛围之中，也不失为一种很好的选择。

对策2 一不小心就跟朋友喝多了的人

尤其是男性朋友之间，见面之后很容易就想要一起去喝酒。但其实也可以像女性朋友之间一样，边吃饭边聊天。这种方式不仅省钱，而且还能好好地聊天。

并不是一定要边吃饭边聊天，但那些关系很好的朋友之间不喝酒也能相谈甚欢，大家可以试试边吃边聊。

对策3　就是喜欢喝酒的人

要先想清楚是戒酒还是减少饮酒量，减少多少，优缺点是什么之后再做决定。首先把戒掉晚上喝酒或是减少晚上的饮酒量的理由都明确地写下来。只是在脑海中粗略地想戒酒或者减少饮酒量将很难坚持下去。

如果想戒酒，就要好好给自己准备一个可以替代喝酒的方案。如果是减少饮酒量，就给自己设定一个减少的数值，然后坚持下去。

戒掉饮酒过量的习惯的实践案例（3个月）

小G在禁欲期给自己立了一条规矩，每天晚上喝不超过两瓶的啤酒。因为考虑到自己的内心感受，比起完全戒酒，减少饮酒量会让自己更好接受一点。在聚餐的时候，他只喝乌龙茶或者无醇啤酒，在家里的时候就喝两瓶啤酒让自己放松一下。

还有，为了防止自己在家喝过头，每天他会在便利店买两罐冰啤酒，而不会囤货。因为如果一下子买很多，就很容易喝过头。

记录的话全部通过手机软件来完成。

但实际上在禁欲期的时候，聚会一个接着一个，结果喝了第一杯以后，意志力就薄弱了，接下来就毫无节制地喝起来了。但是，最后他还是锁住了一条底线，那就是最后一杯喝乌龙茶。这样一来，他稍稍觉得自己可以控制自己了。

到了动力缺乏期，根据21天的禁欲期的数据，他给自己制定了一个必胜方案。为了防止自己在聚会的时候为迎合大家的气氛喝上一杯而陷入恶性循环，他向大家发表了正式的戒酒宣言。不仅仅是公司同事，为了让朋友们也知道自己在戒酒，他还在社交媒体上发表了自己的宣言。这样就没有退路了。结果，这也成为他遵守规则的一个转折点，在聚会时也可以做到滴酒不沾。

为了提高自己的动力，他还邀请那些想戒酒的同事结成了同盟，聚会也能轻松应对了。

到了平稳期，他开始仔细地回顾之前的记录。到目前为止能遵守规则的概率为70%，但是在家的时候总是会喝过头。这是因为在回家路上他总是控制不住自己，会买两瓶以上的啤酒。为了将遵守规则的概率提高至90%，他思考了一下自己不能遵守规则时的行为倾向。大部分都是在一周中间的周三以及周五。因为这几天压力比较大，他想通过喝酒来驱散内心的烦闷。

因此，这一天他事先让妻子帮他到超市买酒，因为自己买的话意志又会变得薄弱。作为解压的替代方式，在泡完澡后听着爵士乐进行放松，由此终于实现了100%的遵守规则。

到了倦怠期，他开始厌倦啤酒的味道了。虽然换种啤酒的品牌也是一个方法，但他还是下决心喝一种新产品——碳酸烧酒。的确连续十周都喝同一个牌子的啤酒已经感觉喝腻了，给自己换种花样来喝可以带来新鲜感。接下来，他还打算试试梅酒等其他种类的酒。

最后，小G通过控制晚上的饮酒量成功消除了宿醉。

关于饮酒过量问题的Q&A

Q：无法推辞需要交际的聚会时，该怎么办？

A： 当然，无法推辞时就参加吧。这时候，从一开始就要说明自己不喝酒，或者从第二杯开始喝乌龙茶或者无醇啤酒。

Q：晚上喝酒是我的一个兴趣，需要完全戒掉吗？

A： 从结论来说，没有完全戒掉的必要性。因为晚上喝酒可以带给自己一定程度上的心理安慰，如果不损害身体健

如何戒掉坏习惯

戒掉饮酒过量的习惯的实践案例 总结

习惯性行动

控制自己每天在家只喝两罐啤酒。在外时声明自己在戒酒。

做好战胜欲望的准备

①提升心理承受力
- 晚上7点下班，减轻压力。
- 按时按量吃饭。

②给自己设定必须戒掉饮酒过量的习惯的理由
- 危机感：体质越来越差，结果导致工作中出现巨大的失误。
- 快感：早上保持头脑清醒的话，工作进展会更加顺利，也能早点下班回家。
- 期待感：到了80岁的时候，还能有健康的身体去打自己喜欢的网球。

③设定替代方案
- 酒会上只喝乌龙茶或者软饮。
- 作为放松，边听爵士乐边读书。

路线图

- 禁欲期（第1周—第3周）
  ①给自己创造一个杜绝诱惑的环境
  - 冰箱里只放两罐啤酒冷藏。
  - 不要囤货，每天只在便利店买两罐啤酒回来喝。
  ②让自己的行动可视化
  - 及时将饮酒量记录到手机软件上。
  ③给自己设定一个破罐破摔的上限
  - 即使在酒会上喝多了，最后一杯也要用乌龙茶来结束。记住自己的饮酒量。
  - 即使喝酒了，也不要去赶第二场，不要吃拉面。

- 动力缺乏期（第4周—第7周）
  ①给自己设定一个必胜模式
  - 酒会上全程喝乌龙茶，将自己戒酒的决心传递给周围的人。
  - 在家时最多喝两瓶啤酒。还想喝的话，就用无醇啤酒来代替。
  ②设定例外规则
  - 感到烦躁不安，特别想喝酒的时候，最多喝五瓶。但是，这样的特例，每月只允许两次。
  ③提升动力
  - 奖赏与惩罚：不喝酒时，晚餐可以多吃一道菜。如果是喝了酒以后回家，就要被妻子灌下一杯蔬菜汁。
  - 习惯培养联盟：结交跟自己一样想戒酒的朋友，跟他们约定即使在酒会上也只喝乌龙茶。

- 安定期（第8周—第10周）
  ①认真回顾结果
  - 通过表格来观察自己的饮酒量，将自己身体状况的变化用文字描述出来。
  - 分析饮酒过量的那几天和能遵守饮酒量的日子有什么不同，再制定新的对策。
  ②彻底执行
  - 通过新的必胜模式实现90％以上的达成率。

- 倦怠期（第11周—第13周）
  ①给自己注入刺激
  - 从喝啤酒改为喝碳酸烧酒。
  - 试试将作为替代方案的无醇啤酒改为汽水。
  ②制定接下来的计划
  - 消除烦躁不安的情绪。

康，就没有必要勉强自己去强制性地戒酒。整理和分析一下优缺点，满怀勇气地做出不戒酒的决定也是很重要的。不要带着模棱两可的心态开始戒酒。

Q：担心只有自己不喝酒，会不会破坏聚会的气氛。
A： 如果不想破坏氛围，可以准备一个让大家都能接受的理由。例如，第二天很早就要上班、有点感冒了、正在戒酒、体检以后医生告诫自己要少喝酒等等。

只有试着做了以后才明白，其实周围的人并没有那么在意你。既想戒酒又想维持社交的话，事先就向大家说明也不失为一个好对策。

思考性习惯（6个月）

⑧烦躁不安
⑨闷闷不乐
⑩完美主义

思考性习惯是需要六个月来戒掉的习惯，花费的时间较长。但是，思考性习惯的关键是"书写习惯"（行为性习惯）。如果在最初的一个月能够有意识地控制自己的思维，那么接下来只要继续坚持就行了。下面将介绍三个思考性习惯，一起来看一下具体的例子吧。

事例8　烦躁不安——改变对事情的解释方式，作出有效的自我主张！

H小姐对于上司临时交办给她的事情总会感到烦躁不安。她经常会在心里抱怨老板为什么不早点把工作交代给自己。还有，明明自己在很认真地工作却总也得不到老板的一句"谢谢"或是"帮我大忙了"，这也是她烦躁不安的原因之一。

面对工作速度慢的新人，还有已经反复强调了很多遍却依然屡错不改的同事，H小姐很是烦躁不安。

H小姐虽然内心烦躁不安，在公司却也忍着不当着他们的面发泄情绪。可是一回到家，因为一些鸡毛蒜皮的小事也会变得烦躁不安，结果就冲着丈夫和孩子发

脾气。每次对家人发完火以后，她都会有一种深深的罪恶感，为自己无端发火而后悔不已。而在职场上她也无法排解由于人际关系带给自己的压力，以致屡屡受挫。H小姐也在思考如果自己再宽容一些少些焦虑，身心是否会愉悦些呢？

要怎么做才能消解这种烦躁不安的情绪呢？

针对烦躁不安的对策

接下来给大家介绍思考性习惯。在思考性习惯中提到了烦躁不安、闷闷不乐和完美主义，所有这些思考性习惯都来源于压力。结果这也成为了之前给大家介绍过的网瘾、熬夜、暴饮暴食等坏习惯的诱因。通过改变让自己产生压力的思考性习惯，也可以更加容易地戒掉由此派生出来的其他坏习惯。

情感是从看待事物的方式中形成的。一旦改变了看待事物的方式，情感也会随之发生变化。

虽然是一些小事情，我想介绍一下发生在自己身上的事情。以前我在坐出租车的时候，会对出租车司机的一系列问题感到烦躁不安。

第三章 实践篇 通过十大事例学习习惯终结术

"先生,我们走哪条路?"

"我不认识路,您选择就可以了。"

"那么,我们就走某某路线,这样可以吗?"

在跟司机进行上述对话时,我的内心是非常不安的。

过去我一直认为选择最短路线来驾驶才是专业的司机,对于那些事无巨细都要向我询问的司机我总会很不耐烦。

但是,有一次我在跟司机闲谈时,才了解到向客户详细确认路线是出租车公司的员工手册上的要求。有些客户对于走哪条路线具有十分苛刻的要求,为了防止事后被要求退钱而造成纠纷,向客户确认路线已经成为公司对司机们的硬性要求。

因为这一番对话,我对这件事情的态度也发生了变化。从某种意义上来说,司机们其实也是受害者。所以,现在即使再有司机问我怎么走路,我也会面带微笑地跟他说请走这条路。这也是因为我理解了司机所处的立场以及他们需要这样做的背景。

这就是一个结果毫无变化,但是因为我对事物的看法发生了变化而导致我烦躁不安的情绪得以排除的一个例子。只是一个认知方式,就有可能会让我们变得烦躁不安，也有可能是截然相反。

我们烦躁不安的对象可以分为对人、对事、对自己，而大多数情况下都是对人。这个人分为上司、同事、顾客、家人、父母、朋友，等等。由于人际关系而产生的烦躁不安根据是暂时的还是慢性的，需要采取不同的对策。

对策1 针对暂时性烦躁不安的对策

无论对方是你多么喜欢的人，也有可能会因为一些言语上的冲撞或是回应方式上的问题而瞬间火冒三丈。这时候会存在两种人，一种人会迅速攻击对方，还有一种人则会将这团怒火压制下来。

对于迅速攻击对方的这一类人，要避免因为一些小事让人际关系降至冰点。相反，对于那类将怒火压抑在心中的人，因为没有发泄口，就会造成自身的精神负担越来越重，导致压力的产生和坏习惯的形成。因此要避免像H小姐一样将自己的负面情绪都发泄在家人身上。

作为对策，攻击型的人在反击前要先深呼吸一口，想象一下对方的用意以及事情的背景，要反复多做几次这样的训练来改变对事物的看法。

对于那些压抑自身情绪的人来说，需要思考一下如何更好地发泄自己烦躁不安的情绪。

还有，想一想对方的笑容以及跟他之间的愉快往事。一想到这些温馨美好的画面，内心里的烦躁不安也会消失。

此外，如果那些暂时性的烦躁不安在日常生活中频繁出现的话，很有可能就是自身压力过重的表现之一。这极有可能造成睡眠不足或者是工作强度过大，从而让自己无时无刻不处在一种即将情绪失控的状态之中。出现这种情况时，必须要想办法来排解自己的压力。

对策2 针对慢性的烦躁不安的对策

工作上的人际关系是无法根据个人喜好来选择的。如果面对同一个人产生了慢性的烦躁不安的情绪，可以通过以下两个对策来解决。

第一个对策是站在对方的立场上换位思考。

当你觉得烦躁不安的时候，肯定是从自身立场出发看待整个事件。一旦站在对方立场上思考，你所看到的情况就会发生巨大的变化。同一件事从不同角度来看待，你就可以理解对方之所以这么做也是情有可原的了。如此一来，你在自己的言行举止方面就会顾及对方的立场，从而对方身上让你烦躁不安的地方也会少起来。

相信很多人都曾在青春期经历过一段叛逆时期。现在回想起来或许都很难理解当初自己为何会那般对父母感到烦躁不安吧，但是曾经当自己是初高中生的时候，确实是非常烦躁不安过。长大成人以后，就可以更加客观地来看待那时候的自己，也能够理解父母的立场了。

在公司也是同样的。站在下属的立场上来看，如果上司的方针不断改变，临时布置紧急的工作，就会招来下属的不满。但是，很多人在升为上司以后才能真正理解上司的这种立场。当我们试着站在对方的立场上看待事物时，我们的感情便会发生惊人的变化。

第二个对策就是巧妙地发出自己的声音。

有时候之所以会感到烦躁不安就是因为无法适当地表达出自己的观点。一旦对他人言听计从，就会使自己的人际关系陷入一种烦躁不安的情绪之中。

解决这种情况的对策就是当对方的言行举止让自己觉得不愉快时，就要直率地说出自己的心声"请不要再这样做了"。试着采取一种照顾到对方情绪的方式来处理问题吧。

这种问题的关键就是对方以及自己都需要重视的沟通能力。

例如下午五点快下班的时候，突然被上司交代处理一件很紧急的工作。上司要求在今天之内做出一份资料，但是这天晚上七点自己要去看一场期待已久的演唱会。这种情况下，就要考虑一种双赢的方法，既可以让信赖自己的上司不失望，又可以优先安排自己已经计划好的事情。

首先，听取上司交代给自己的工作内容以及他希望的上交日期。在此基础上，再告诉他今天晚上七点自己已经有事先安排好的私人活动，然后再跟上司商量一下是否可以在明天上午之前将工作完成，或者是在下班前的一个小时内尽自己的最大限度处理掉一部分工作。如此善于沟通的人不仅可以获得上司的信赖，也可以更好地发出自己的声音。

关于改变看待事物的方式以及自我表达的技巧，在本人的拙作《从负面思考中迅速抽身的九大习惯》中已经做了总结，有兴趣的读者可以去阅读一下。

戒掉烦躁不安的情绪习惯的实践案例（6个月）

作为消除烦躁不安的情绪的对策，H小姐决定把每天发生的事情以及情绪都记录下来。这样的记录坚持了六个月以后，她的思考性习惯也在逐渐发生变化。

首先，在禁欲期她给自己买了一本新的笔记本。在这本笔记本上，她基本上把自己觉得烦躁不安的事情以及烦躁不安的程度都记了下来，等到自己冷静之后，再把感想写下来。通过书写可以让自己变得客观，能够站在对方的立场上思考问题，也可以看到自己身上的不足之处。这样的记录，她认认真真地坚持了七天。

每天早上为了整理自己的情绪，给自己创造一个杜绝烦躁不安的情绪的环境，她会花十分钟泡上一杯花草茶，然后慢悠悠地喝下去。此外，为了避免上司又扔给自己一些突发性的工作，每天早上上班后她会事先询问上司今天之内需要自己完成的工作内容。

作为破罐破摔的上限，一旦对方惹自己生气了，如果错误确实在自己身上，那么在30分钟内必须向对方道歉。如果自己的怒气达到了顶点，就先做三次深呼吸。这样一来，即使自己怒不可遏也可以更好地控制自己的情绪，即使冲对方生气了，之后的关系修复也会变得容易些。

到了动力缺乏期，她决定在泡完澡后的15分钟再写笔记。因为她意识到在压力得到缓解之后再去书写才最有效，所以采取了这种方式。

当自己已经无法抑制内心的怒火时，就等自己冷静下来以后再斥责对方。为了让自己冷静下来，她稍微给自己一些时间做三次深呼吸，然后再去跟对方沟通。

为了提升自己的动力，她引用《就在你所在的地方生根开花》一书的作者渡边和子的"不可100%全信，相信其98%的内容。剩余的2%是为了原谅对方可能会犯错而留出的余地"[①]这一句有魔力的话语来宽慰自己。令人感到不可思议的是，仅凭这一句话就让自己的内心变得柔和多了。

至此她也明白了一点，自己因为工作忙碌而感到心力交瘁的时候，往往就会对上司或者下属的行为感到烦躁不安。而这样忙碌的原因，也是由于自己一味地拖延工作，很多事情到最后都变得火烧眉毛了才去处理造成的。

以前H小姐总觉得是周围人让自己变得烦躁不安，但经过这一段时间的实践，她终于意识到原因出在自己身上。她还意识到那些做事游刃有余的人是不会一味地拖延工作的，也不会被工作追着跑。于是，到了这一阶段，她决心接下来要戒掉自己的拖延症。

在倦怠期她开始回顾之前自己所做的记录。回顾过去二十九天内自己烦躁不安的次数，刚开始第一天感到烦躁不安的次数有十五次，到了第三十天居然只有两次了。一次都没有的时候也是有的。对此她非常惊讶，原来将自己

[①] 出自其畅销书《就在你所在的地方生根开花》。渡边和子（1927—2016），日本畅销书作家，生于北海道旭川市，曾任圣母清心女子学院理事长。主要著作有《就在你所在的地方生根开花》《366天，爱与鼓励的话》《幸福的所在》等。——编者注

如何戒掉坏习惯

戒掉烦躁不安的情绪习惯的实践案例 总结

习惯性行动
每天花15分钟来记笔记，不断改善自身的行为方式，处理问题的能力和沟通能力，以此来减轻自己烦躁不安的情绪。

做好战胜欲望的准备
①提升心理承受力
- 每周做一次按摩来消除疲劳。
- 过有条不紊的生活（减少出于社交目的的应酬等）。

②给自己设定需要消除烦躁不安情绪的理由
- 危机感：将自己的脾气发在丈夫或是孩子身上，导致家庭氛围越来越糟糕。
- 快感：无论是在职场上还是家庭生活中，减少自己烦躁不安的情绪会让自己变得舒畅很多。
- 期待感：改掉自己那种烦躁不安的思考模式有助于建立良好的人际关系。

③设定替代方案
- 花30分钟悠闲地泡澡（可以选择一些能让自己舒缓下来的沐浴液）。
- 做一些轻运动来消除自己烦躁不安的情绪。
- 感到烦躁不安的时候，做三次深呼吸。

路线图

- 禁欲期（第1天—第7天）
 ①给自己创造一个杜绝诱惑的环境
 - 每天早上在桌前悠闲地喝一杯花草茶，深呼吸以后再开始工作。
 - 早上询问一下上司今天之内可能会有的工作（作为预防措施）。
 ②让自己的行动可视化
 - 在笔记本上记录下让自己烦躁不安的事情以及自己烦躁不安的程度。
 ③给自己设定一个破罐破摔的上限
 - 即使由于烦躁不安而出现情绪失控，也要在30分钟内向对方道歉。

- 动力缺乏期（第8天—第21天）
 ①给自己设定一个必胜模式
 - 每天泡澡后，花15分钟把自己感到烦躁不安的事情以及处理方法写下来。
 - 感到烦躁不安的时候先做深呼吸，等自己冷静下来以后再跟对方沟通。
 ②设定例外规则
 - 忙碌时期：在回家的地铁上花5分钟记笔记。
 - 疲劳时期：在笔记本上用一句话记录下自己今天的心情。
 ③提升动力
 - 有魔力的语言：把渡边和子的"不可100%全信，相信其98%的内容。剩余的2%是为了原谅对方可能会犯错而留出的余地"这句话写在笔记本上。感到烦躁不安的时候，就看看这句话。
 - 自我反省：写下一天中让自己感到烦躁不安的事情，站在对方的立场考虑问题。

- 倦怠期（第22天—第30天）
 ①给自己注入刺激
 - 听取宽容的人的思考方式。
 - 阅读内心从容之人所写的书。
 ②制定接下来的计划
 - 戒掉拖延症的毛病。

的情绪描述出来的时候，就会变得容易控制情绪。向那些内心从容的前辈听取意见，在对情绪的控制方面也很有效果。丈夫最近还说觉得她的神情变得柔和了许多。H小姐已经下定决心在接下来的五个月也要继续坚持。

关于烦躁不安问题的Q&A

Q：如果不断抑制自己烦躁不安的情绪，压力一再堆积后就很难消除这种情绪了。

A：是不抑制自己烦躁不安的情绪直接进行发泄，还是消除让自己动不动就感到烦躁不安的状态，或者是向让自己感到烦躁不安的人排解情绪，请一定要采取一个对策来解决这个问题。如果陷入一种慢性的烦躁不安的情绪之中，鼓起勇气跟对方沟通也是非常重要的。

Q：虽然我觉得有时候还是发泄一下比较好，但是具体应该怎么做呢？

A：比起情绪化地生气，我认为冷静地传达出由于对方的什么言语或是行为让自己感到烦躁不安会更加有效。因此，如何将自己的情绪稳定下来是一个重点。比起说什么，如何表达才是问题的关键。

Q： 向上司说出自己的观点以后，是否会让他不高兴。说实话，对这一点我很害怕。

A： 是的，确实我也觉得有些害怕。做这件事对我来说也是需要勇气的。但是即便如此，如果要想让情况有所好转的话，就必须跟对方积极沟通。相反地，即便自己成为了上司，有时候也必须向下属传达某些难以启齿的事情。

只要有人际关系存续的一天，那么通过沟通改变目前境况的机会可以理解为是通往成长必须要经历的过程。在明白了这一点以后，首先要思考一下该怎么说，将自己想说的话用手机录下来反复练习。等练习了四五次以后，就可以流畅地冷静地发言，之后就是实践了。

即便是惹上司生气了，这也不算失败，因为你感到困惑烦恼的地方、不愉快的地方得到了表达。最终在向我做咨询的实际案例中，情况得到好转的例子占据了压倒性的大多数。

事例9　闷闷不乐——控制思考的焦点

I小姐总是因为在公司被上司责骂或是出错而觉得自己没用，甚至连周末也因此感到沮丧。

因为一直是这样的状态，I小姐的朋友也建议过她要开朗点不要太在意，但她总是无法摆脱烦恼的情绪习惯。

她很想改变一遇到什么事就很快沮丧的自己，要怎么做才能摆脱这个烦恼呢？

针对闷闷不乐的对策

任谁都会因为失败、被责骂而感到失落，这是一种很正常的情绪，反而过快振作的人很多情况下可能是因为反省不足。

但我们是无法改变既成事实的。正因为如此，一直后悔过去的事情反而会看不见之后的希望。

我们可以将焦点放在可以改变的事情上，从而摆脱闷闷不乐的情绪。

重点就是我们将思考的焦点放在哪里。一旦养成了改变思考焦点的习惯，就比较容易摆脱闷闷不乐的状态重新振作起来。

那么具体该怎么做呢？下面介绍四种对策。

对策1　区分可以改变的事情和无法改变的事情

将焦点放在可以改变的事情上，就能看到希望。反之，将焦点放在无法改变的事情上，你会变得彷徨，不安与绝望会随之而来。

无法直接改变的事情是既成事实、他人、结果。能够改变的事情是对既成事实的理解，自己，原因。

一流的运动选手会说竭尽全力、发挥自己所能，而不是说我要拿第一、拿下打击王和全垒打王。为什么呢？因为结果是无法完全掌控的，要集中贯彻在自己的行动和努力上。结果就是他们能够有非常优秀的表现。

经常闷闷不乐的原因在于一直着眼于无法改变的事情。在最初阶段下意识地改变自己的焦点，思考习惯一定会随之发生变化。

对策2　思考问题的同时要思考解决方法

一旦知道哪里出了问题，是什么原因之后，要一并思考解决方法。如果能够很好地分析出问题的原因，那通常也能想到解决问题的根本方法。

还有另外一个办法就是一鼓作气地想出解决方法。

在分析问题原因的过程中愈发失落，一直徘徊不定的情况下，请一鼓作气想出解决方法。

具体地说，就是要问问自己怎样立即行动，解决方向是什么。"那时候怎么做会顺利""如果重新再做一次要怎么做""下次要改善10%的话该怎么做"等将自己的焦点放在考虑解决方法上。人类在思考问题的原因的时候是有局限性的，但在思考解决方法的时候是具有发散性的。所以，养成以积极的心态回顾每天的习惯是解决闷闷不乐的情绪的一个对策。

对策3　着眼于积极的一面

回顾一天的时候，可以记录下好的事情、开心的事情、顺利的事情、值得感激的事情。思考的焦点偏向于消极的时候，反而要特意将焦点放到积极的一面。如此一来，就能维持一个较为良好的情绪平衡。

试着写写看就会知道心情真的会变得明朗起来。

对策4　给自己设立警示语

能够改变的事情里面有一项是对既成事实的解读，换一种解读就能消除闷闷不乐的情绪。一种有效的方法是记住三个左右的名人名言或者是能够给自己打气的话。

我在失败的时候会说"并没有损失什么""没有失败，只是增加了经验""在成功之后失败反而可以成为谈资"等这些话给自己听。或者是"算了，这也是人之常情"，像这样作为一种经验将它归类为只是运气不佳而随它去了。

能够让自己的解读变得积极的语句因人而异，要多读书或者看看名言集，找到适合自己的语句。

戒掉闷闷不乐的情绪习惯的实践案例（6个月）

I小姐决定在每天的最后写日记。

禁欲期在记录令人闷闷不乐的事情之前，先记录这一天值得感谢的、开心的、成长了的、完成了的事情。最初的三天她什么都想不出来，几乎要放弃了，但强迫自己坚持写了一周后，她开始能够发现值得感激的事情、使自己成长的事情了。

另外，她还坚持每天早上朗读能够让人变得积极的座右铭，通过做这些事她的心情变得非常轻松。想要放任自己的时候，就跟丈夫或者好朋友倾诉。

闷闷不乐会在瞬间突然袭来，所以她会在笔记本上写下"魔法语言"来时常给自己打气。此外，她也花心思使工作变得繁忙，让自己集中精力于当下，不给自己闷闷不乐的时间。

在动力缺乏期，洗澡后的15分钟将自己担心的事、今天不开心的事全部写下来，喝杯香草茶放松之后客观地考虑解决方法。因为有了15分钟让自己彻底烦恼的时间，心情反而变得舒畅了。

因为写了这本日记，她变得能够看见积极向上的事物，能够针对消极的事物思考它的解决方案，集中精力在自己可以掌控的事情上。如此一来，心情沮丧的时间减少了，无能为力的感觉也变少了。因为一直坚持写日记，她实实在在地感觉到自己的思考方式正在发生转变。只是在繁忙的时候会没有足够的心力，但即使只有5分钟她也会写日记。

在倦怠期她买了很多有关克服巨大困难与挫折的人物

如何戒掉坏习惯

戒掉闷闷不乐的情绪习惯的实践案例 总结

习惯性行动

每天花15分钟记下让自己闷闷不乐的事情，改变自己处理问题的方式以获得精神愉悦的生活。

做好战胜欲望的准备

①提升心理承受力
- 每天保证七个半小时的睡眠。
- 获得小小的成就感（日行一善）。

②给自己设定需要消除闷闷不乐情绪的理由
- 危机感：如果再遭遇巨大的失败或者压力过大的话，极容易导致内心崩溃。
- 快感：可以迅速恢复，欢快地度过周末时光。
- 期待感：如果下定决心去消除这种情绪，工作上的失败会减少，还会得到上司的表扬。

③设定替代方案
- 去棒球击球场上放松自己。
- 让丈夫听自己发牢骚。
- 周末沉浸在自己喜爱的郊游和摄影中。

路线图

- 禁欲期（第1天—第7天）
  ①给自己创造一个杜绝诱惑的环境
  - 感到自己快要闷闷不乐的时候，就用激励的语言来宽慰自己。
  - 让自己保持忙碌的状态，集中精力于眼前的工作（不让自己去考虑多余的事情）。
  ②让自己的行动可视化
  - 在笔记本上记录下今天发生的事情的实际情况以及自己是如何处理的。
  - 回答较为积极的问题，思考问题及解决方法。
  ③给自己设定一个破罐破摔的上限
  - 情绪非常低落的时候，立即向丈夫或是朋友倾诉。
  - 彻彻底底地大哭一场，让自己低落到谷底（体会到辛酸苦辣的感情之后才能再次恢复）。

- 动力缺乏期（第8天—第21天）
  ①给自己设定一个必胜模式
  - 每天泡澡后，花15分钟把自己认为值得感谢的、美好的事情记录下来，同时也要反省这一天失败的原因和解决方法。
  - 感到极度郁闷的时候，向朋友诉说自己的心情。
  ②设定例外规则
  - 忙碌时期：在回家的地铁上只有5分钟也要记日记。
  - 疲劳的时候：在笔记本上用一句话记录下自己今天的心情。
  ③提升动力
  - 结成作战同盟：向想法积极、善于倾听的朋友和丈夫倾诉。
  - 自我反省：每周回顾一次自己的笔记，想一下自己的问题思考模式和解决策略。

- 倦怠期（第22天—第30天）
  ①给自己注入刺激
  - 阅读那些有关屡败屡战的伟人的书来给自己加油打气。
  ②制定接下来的计划
  - 戒掉完美主义的毛病。

的书籍。通过阅读能够学习这些人看待事物的方式以及克服逆境的方法。

I小姐的日记里，闷闷不乐的事情变少了，渐渐开始罗列一些想做的事情了。

关于闷闷不乐问题的Q&A

Q：闷闷不乐的情绪真的能够改变吗？

A： 是的。只要改变思考习惯就能从闷闷不乐中解放出来，开始进行通向未来的行动。坚持不懈地控制自己的思考，就会形成一种习惯性的自然的思考方式，请通过写日记来客观地看待事物。

Q：积极的思考方式似乎并不适合我。

A： 用积极消极来划分其实并不妥帖，我本意也不是要下结论说哪一个就是好的。比如我是比较容易担心事情的人，但也可以说是未雨绸缪或是具有感知潜在风险的能力。

但是，我认为一直沉浸于消极的情绪中无法自拔，不去解决问题，不去进步，重复相同的失败肯定不是你所希望的状态。所以你可以认为所谓的积极就是要改变这种状态的思考习惯。顺便一提，在积极心理学的世界里，为了能够幸福地生活，三成积极加一成消极的情况反而比较好。也就是说适当的不安、担心、失落是有必要的。

事例10 完美主义——抛开对细节的拘泥，变身最优主义吧！

J先生是任何事情不做到完美收尾就不肯罢休的性格。

虽然J先生能够得到上司的青睐，但他也有些许的烦恼。由于是完美主义，他对任何事情都不会松懈，并且拘泥于很小的细节，为了完成一个工作要花费很多时间，结果导致经常加班。

而且，他对下属也要求完美，稍微有点错字漏字或者纰漏就会严厉责骂。若只是对给客户的资料如此严苛要求也罢了，但对公司内部文件也追求同等质量，反而引起下属的不满。

J先生对自己是否要改变这种完美主义感到不安。追求完美可以获得信任，如果放弃追求完美，就怕草草了事会失去信任。如何能在提高工作效率的同时，更加灵活变通一些呢？

针对完美主义的对策

毕竟完美主义的人在工作或私底下能得到某种程度上的好评，自己就会犹豫要不要改变。

但是这里说的完美主义，指的是比起结果更注重过程，缺乏灵活性的思考方式。

在工作上，针对对方没有要求的部分，将自己不做到最好就不罢休的态度带入其中的话，就会消耗不必要的时间，也给自己增加无用的负担。如果工作进展得顺利尚且好说，但在繁忙的时候更多情况下需要我们追求灵活性，比如改变优先顺序，或是交给他人处理，或是稍微降低要求以截止日期为先等等。

但是完美主义的人缺乏这种灵活性。更进一步说，他们没能分配好那些对结果产生较大影响的事情的比例，试图对所有事情都全力以赴，结果赶不上截止日期、产生决定性的错误，更有甚者因过度繁忙而累得崩溃。

对此的建议是不要追求完美主义，而是选择最优主义。

如果完美主义是把焦点放在过程上，那最优主义就是把焦点放在结果上,集中于将成果最大化。也就是说使结果最大化、过程灵活化。

为了从完美主义变成最优主义,在此介绍五个对策。

对策1　细致描绘目标图像

请经常细致地描绘完成时的图像。迷迷糊糊地开始的话会增加多余的操作和步骤,与对方确定目标并做出细致的描绘后再开始,能够促使过程最简化。

对策2　明确区分MUST、WANT

如果了解对方的要求里哪些是MUST(绝对需要的),哪些是WANT(有的话很高兴),那么就能考虑时间及效率,用较少的劳动力换取更大的成果。时间不够的话就只做MUST,如果是重要企划的话也要提供超出对方期待的WANT。

对策3　经常要有80对20的意识

很多人都对"帕累托法则"非常熟悉,即80%的成果来源于20%的行动。也就是说,要看清什么是提升成果的最有效的关键点。为了从完美主义转移到最优主义,首先就要对任务做一个优先顺序的排列,"选择与集中"是非常重要的。

这里我想给大家建议的是，在找到那20%的行动重点前，首先要问自己两个问题。

"如果必须要用一半的时间来达成目标，该怎么做？"

"如果必须要用同样的时间来获得两倍的成果，该怎么做？"

我也经常问自己这两个问题。

其中也有不得不降低质量来实现目标的时候，我认为这也是一种折中方案。对于工作来说，将综合性结果最大化很重要，而不是去满足自己的执念。

对策4　交给他人处理

把工作交给他人处理，就意味着要接受一部分不确定性，这也是需要勇气的。但是如果没有将工作交给他人的勇气和技巧，一切都要亲力亲为的话，从长远来看是不可能获得巨大成就的。

对策5　给自己设定无加班日

建议大家每周设定一天来彻底执行最优主义。日本的未来工业是一家电器设备材料厂商，该公司给员工立下了一个规矩，那就是每天的工作时间是7小时15分钟，严格禁止加班。员工们如果不好好考虑一下工作的优先顺序就无法准点下班。因此为了节省以5分钟为单位的时间，他们会极力减少业务操作上的浪费。

同样地，如果我们给自己设定一个时限，就不得不从完美主义转移成最优主义。

因此可以试着给自己设定一个无加班日，安排一项晚上7点左右的具有强制性的活动，然后准点回家。要实现这个目标就需要给自己习以为常的工作流程动一番手术。这是因为如果想在自己设定的时限内完成工作，就必须考虑一下有效的折中方案、需要舍弃的业务环节、需要交给他人完成的业务板块等。

在经历了这一系列的变革之后，就会从完美主义转换成最优主义。正因为如此，越是繁忙的时候对于自身来说越是机遇。

所谓的思考性习惯其实是无意识的。正因为如此，意识到这一点然后改变思考的焦点是十分有必要的。当你感到烦躁不安的时候，就要将注意力转移到那些好的事情上，当你觉得闷闷不乐的时候，就要把焦点放到开心的事情上，当你万事都要求完美的时候就把关注点放在前20%的行动上，试着养成转换事情焦点的习惯吧。

戒掉完美主义的思考习惯的实践案例（6个月）

J先生在每天上班的路上开始给一天的工作任务需要花费的时间以及优先顺序做计划。还有，为了提前完成工作，他给自己营造了一个必须以最优主义来处理工作的环境。因此形成了只在必要的流程上花时间处理的强制性要求。此外，他开始记录所有工作花费的时间。

以前J先生对于那些重要程度较低的公司内部文件的制作都会投入百分之百的精力，但是在禁欲期他花在检查格式和错别字上的次数少了很多。虽然也会有一些小错误，但是他认为在时间和效果输出上是没有问题的。

在动力缺乏期，他写下了完美主义和最优主义的优缺点。每天，他都会反省一下真的有必要在那份报告书上花费一个小时的时间吗？向上司做报告或是会议的时间是不是可以再缩短一些？

对于重要的工作，他通过两种模式来预估时间。必须上交的日期（对方要求的时间）和努力上交的日期（自己设定的提前上交的日期）。通过 $\alpha+$ 的时间来给自己的工作成果增加附加值。

他也会考虑这两个问题：如果必须要用一半的时间来达成目标，该怎么做？如果必须要用同样的时间来获得加倍的成果，该怎么做？他开始去整理那些需要舍弃的项目以及需要投入精力去完成的项目。如此一来，他也明白了那些以最优主义来工作的人的思维模式。

通过这些方式，他每天回顾自己的工作，抓住工作对象的MUST和WANT，然后彻底地听取他们的要求。与此同时，也允许自己犯一些小小的错误、冒一些小风险。

到了倦怠期，他开始在给下属交代工作方面花费精力。尽量通过制作工作流程书或者指导手册来推进工作的标准化流程，使把工作交给下属去办的风险降至最低程度。另外，他要求下属提前上交工作成果，以此留出时间让自己做最终的检查和修正。

但是当真正实践以后，他发现下属非常优秀，交出了一份远远超过自己预期的答卷。结果J先生的工作效率越来越高，只用了半年营业成绩就提高了30%。如此一来他就可以把更多的时间花在拜访客户上了。

通过这半年以来的努力，J先生感受到了自己身上那些无用的压力正在减少。

戒掉完美主义的思考习惯的实践案例 总结

习惯性行动
为了将自己的行为模式改为最优主义,每天在地铁上制定计划并回顾过去。

做好战胜欲望的准备
① 提升心理承受力
- 按时按量吃饭,保持健康的体魄。
- 花5分钟收拾桌面。

② 给自己设定必须放弃完美主义的理由
- 危机感:再这样下去就会招致部下的不满,组员们很难团结起来。
- 快感:晚上可以早点回家,工作日就可以和家人悠闲地共度晚餐。
- 期待感:形成最优主义以后,压力就会减轻,也能获得更大的成就。

③ 设定替代方案
- 不允许自己再犯错时,就想想最优主义的好处。
- 为了减轻自己将工作交给部下的不安,就要提前把工作布置下去。

路线图
- 禁欲期(第1天—第7天)
  ① 给自己创造一个杜绝诱惑的环境
  - 早上在上班路上整理一下花在完成任务上的时间以及优先顺序。
  ② 让自己的行动可视化
  - 将一天之内所做的工作以及花费的时间以日志的形式记录下来。
  ③ 给自己设定一个破罐破摔的上限
  - 限制时间以及检查的次数,在有限的时间内力争完美。

- 动力缺乏期(第8天—第21天)
  ① 给自己设定一个必胜模式
  - 每天上班路上,花30分钟考虑一下今天的业务的优先顺序以及时间分配。
  - 每天下班路上,花15分钟回顾一下今天是否做到了最优主义,考虑一下改善策略。
  ② 设定例外规则
  - 忙碌时期:仅花5分钟来记笔记,大致回顾一下工作的优先程度。
  - 疲劳的时候:在笔记本上用一句话将今天的完成情况以百分比来记录。
  ③ 提升动力
  - 有魔力的语言:告诉自己"从完美主义转变为最优主义!""这样的失败也是情理之中"。

- 倦怠期(第22天—第30天)
  ① 给自己注入刺激
  - 延后重要程度低的工作,用剩余的时间着重处理更重要的工作。
  - 尝试一次把所有工作都交给下属去做。
  ② 制定接下来的计划
  - 戒掉抽烟的习惯。

关于完美主义问题的Q&A

Q：如果放弃了完美主义，我担心自己做事会变得敷衍马虎。

A： 确实，刚开始的时候会因为一些细微的错误而常常责怪自己。并且也会产生一些不适应和恐慌的情绪。

从某种意义上来说，这是过渡时期必须经历的阵痛。正因为如此，一旦切换到了最优主义，就要常常把这些效果以及优点写下来加以确认。通过比较现在的劣势和将来的优势，以现在正处于转移阶段需要忍受疼痛来说服自己，这也是之后得以转变成功的原动力所在。

Q：如果放弃了完美主义，我担心工作质量会下降。

A： 如果过程的完美等同于成果提升的话，就请重视过程的完美。最优主义就是让结果最优化的一种思考方式。既然是为了实现时间与成果的最优比，那么如何最优化地分配过程中的时间才是事情的关键。

为了转化成最优主义，找到工作的重要节点并重新考虑时间分配是最重要的。剔除不需要的部分，减少对影响较小的部分的时间投入等。

Q：思考性习惯的养成需要六个月，在养成之前是不是不要着手其他习惯比较好？

A： 不是的，如果能用一个月的时间养成书写习惯的话，从第二个月开始着手其他习惯也是可以的。要想改变思考性习惯，就需要书写记录。将思考变得客观可见，就可以控制它。正因为如此，务必要养成书写记录的习惯。

后记　通过习惯终结术夺回人生主动权！

坏习惯会招来恶性循环。

从一个坏习惯开始不断陷入恶性循环之中，最终会侵蚀那些好习惯。相信大家读了本书之后也会明白其中的道理。

以前我开设了一个以"戒掉坏习惯"为主题的研讨会，参与者们想戒掉的习惯大多是一样的。

所以此次在写习惯终结术时，具体介绍了戒掉十个坏习惯的对策。

这同时也是我在做习惯培养的公开咨询时，对参与者们提出的一部分建议。

我一直发自肺腑地认为，"只要坚持下去，个人和企业都会改变"。因此我把培养习惯的方法介绍给了个人与企业。

只要掌握戒掉坏习惯、养成好习惯的方法，那么在我们的一生中无论是事业还是生活，都可以获得我们想要的东西。

本书关注的是戒掉坏习惯这件事情，想知道如何养成好习惯的读者可以阅读《坚持，一种可以养成的习惯》一书。

此外，最重要的一点是，本书是一本需要去实践的书。仅仅通过阅读是无法戒掉坏习惯的。

如果凭借自身力量来改变习惯，就可以重新夺回人生主动权。

是被习惯操纵，还是巧妙地控制习惯，选择不同，人生也会大不相同。

首先从放弃一个坏习惯开始，去掌握你人生的主导权。

最后，我要向从我的处女作开始就一直担任编辑的泷启辅先生表示诚挚的谢意。承蒙他的帮助，"习惯培养思想"才得以问世。

还有，对于那些给予我支持，向我咨询的朋友们，这里虽不能一一列举大家的姓名，但是我依然要向各位表达我诚挚的感谢。

感谢大家耐心读完本书，谢谢！

2013年12月

习惯培养顾问 古川武士

出版后记

每个人都有被坏习惯控制的时候。这时人变得容易生病，生活节奏混乱，自信心不足，工作效率低下，并且总是感到不快乐。

拖延症，熬夜，沉迷网络和手机，生活毫无节制，暴饮暴食，情绪极端，乱花钱……面对现代生活中的种种坏习惯，很多人想改变却无从下手。

本书作者古川武士是日本习惯培养大师，现担任日本习惯培养顾问公司董事长。他独创了习惯培养理论与思想，以习惯培养为主题在日本面向个人及企业进行了大量咨询与培训服务，进而总结出了一套极具实践性的习惯培养方法。

在书中，作者细致地介绍了戒掉坏习惯的有效方法——习惯终结术。作者将坏习惯分为三类，有行动性习惯，身体性习惯，思考性习惯。针对每个类别下的坏习惯，书中列举了10个与生活息息相关的案例指导我们如何一步步有计划地戒掉这些坏习惯。

在着手戒掉坏习惯之前理清思路很重要，如果把戒掉坏习惯的四个阶段即禁欲期、动力缺乏期、稳定期、倦怠期看作支撑习惯终结术的骨骼，那么戒掉坏习惯的动机、需要遵守的原则、强大的心灵力量以及"替换"的技术等就是填充习惯终结术的血肉。将两者融合在一起灵活运用，才能有效地终结坏习惯。

在掌握了本书介绍的理论与技巧之后，就进入了最重要的环节，那就是行动起来，开始着手戒掉你真正想要摆脱的坏习惯。希望这本书能够助你终结坏习惯，回归高品质的健康人生。

服务热线：133-6631-2326　188-1142-1266

读者信箱：reader@hinabook.com

后浪出版公司
2018年1月

图书在版编目（CIP）数据

如何戒掉坏习惯 /（日）古川武士著；施敏霞译. -- 南昌：江西人民出版社，2018.3（2021.1重印）

ISBN 978-7-210-10039-3

Ⅰ.①如… Ⅱ.①古… ②施… Ⅲ.①习惯性－能力培养－通俗读物 Ⅳ.①B842.6-49

中国版本图书馆CIP数据核字(2018)第000422号

ATARASHII JIBUNNI UMAREKAWARU "YAMERU" SHUUKAN
by Takeshi Furukawa
Copyright © 2014 Takeshi Furukawa
All rights reserved.
Original Japanese edition published by Nippon Jitsugyo Publishing Co., Ltd.
Simplified Chinese translation copyright ©2018 by Ginkgo(Beijing)Book Co., Ltd. Industry.
This Simplified Chinese edition published by arrangement with Nippon Jitsugyo Publishing Co., Ltd., Tokyo, through HonnoKizuna, Inc., Tokyo, and Bardon Chinese Media Agency.

版权登记号：14-2018-0006

如何戒掉坏习惯

作者：[日]古川武士　译者：施敏霞
责任编辑：冯雪松　特约编辑：方泽平　筹划出版：银杏树下
出版统筹：吴兴元　营销推广：ONEBOOK　装帧制造：墨白空间
出版发行：江西人民出版社　印刷：北京天宇万达印刷有限公司
889毫米×1194毫米　1/32　7印张　字数114千字
2018年3月第1版　2021年1月第5次印刷
ISBN 978-7-210-10039-3
定价：36.00元
赣版权登字—01—2017—1090

后浪出版咨询(北京)有限责任公司 常年法律顾问：北京大成律师事务所　周天晖 copyright@hinabook.com
未经许可，不得以任何方式复制或抄袭本书部分或全部内容
版权所有，侵权必究
如有质量问题，请寄回印厂调换。联系电话：010-64010019